高职高专“十二五”规划教材

化工原理实验

张　斌　主编　　周灵丹　林木森　副主编　　汤立新　主审

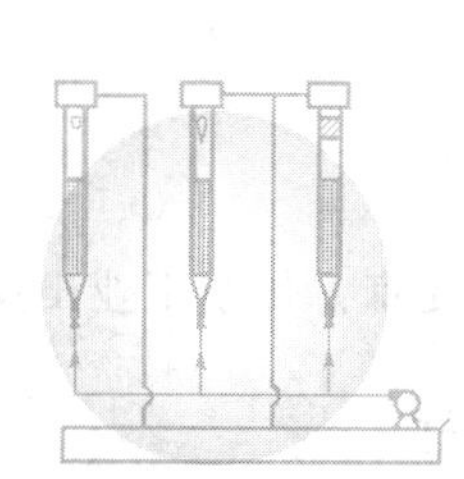

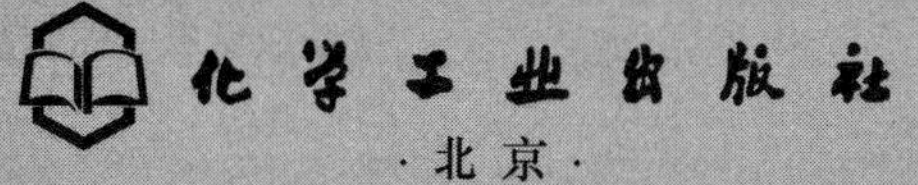

化学工业出版社
·北京·

本书是根据化工类应用型人才培养目标并结合教学和企业需求编写而成的。全书共分绪论、实验误差和数据处理、演示实验、操作实验四部分，较为全面地介绍了常见化工原理实验。各实验内容包括实验目的、实验原理、实验装置及流程、安全操作规程、实验步骤及注意事项、实验数据记录及处理、实验结果、思考题等内容，以达到学生通过实验加深对理论知识的巩固和技能提升的目的。

本书可作为高职院校化工类专业的教材，也可以供相关企业专业技术人员参考。

图书在版编目（CIP）数据

化工原理实验/张斌主编．—北京：化学工业出版社，2014.8（2025.1重印）
高职高专"十二五"规划教材
ISBN 978-7-122-20993-1

Ⅰ．①化… Ⅱ．①张… Ⅲ．①化工原理-实验-高等职业教育-教材 Ⅳ．①TQ02-33

中国版本图书馆CIP数据核字（2014）第132634号

责任编辑：窦　臻　熊明燕　　文字编辑：丁建华
责任校对：宋　夏　　装帧设计：张　辉

出版发行：化学工业出版社（北京市东城区青年湖南街13号　邮政编码100011）
印　　装：河北延风印务有限公司
787mm×1092mm　1/16　印张6　字数146千字　2025年1月北京第1版第9次印刷

购书咨询：010-64518888　　售后服务：010-64518899
网　　址：http：//www.cip.com.cn
凡购买本书，如有缺损质量问题，本社销售中心负责调换。

定　　价：18.00元

前　言
Foreword

化工原理实验教学是化工原理课程的一个十分重要的实践性教学环节。教学目的是使学生加深理解和巩固化工单元操作的基本原理，熟悉和掌握各单元操作设备的工作原理、特性及使用方法，熟悉和掌握常见的化工仪表（如温度、压力或压差、流量等仪表）的工作原理和使用方法。在实验中培养学生分析和解决化工过程中工程问题的能力，加强学生的动手能力，培养和提高学生的实验技能和实际操作能力。化工原理实验力求培养学生的创新精神和实践能力、培养高素质复合型技术人才。

本书共分四大部分。第一部分为绪论，主要介绍化工原理实验的基本要求，以便学生对照这些要求正确地进行实验；第二部分为实验误差和数据处理，使学生明确造成实验误差的主要原因以及如何改变其中的薄弱环节，掌握数据处理的正确方法，以提高学生实验质量；第三部分为演示实验部分，分别为流体压强及压差测量实验、流体机械能分布及转换实验、塔模型实验和流体绕流实验，以供学生观察有关实验现象，加深对有关原理的理解；第四部分为操作实验，分别为流体流动阻力测定实验、离心泵性能特性曲线测定实验、对流给热系数测定实验、吸收实验、精馏实验、过滤实验、干燥实验、萃取实验和管路拆装实训，实验内容包括实验目的、实验原理、实验装置及流程、安全操作规程、实验步骤及注意事项、实验数据记录及处理、实验结果和思考题，以便指导学生进行实验预习和操作。

本教材是结合高职院校培养要求编写的，使用本教材的院校可根据各自的教学要求选取若干实验开展教学。每个实验应包括实验预习、实验操作、数据处理和实验报告编写四个环节，每个学生都需认真完成。

南京化工职业技术学院化学工程系化工原理教研室全体老师参与了本教材的编写，本教材是大家共同智慧的结晶。全书由张斌担任主编，周灵丹、林木森担任副主编，南京化工职业技术学院化学工程系化工原理教研室主任杨宇副教授对本书编写提供了许多支持，南京化工职业技术学院汤立新教授对本书的编写提出了许多建设性意见并担任主审，在此表示感谢。

由于时间仓促，加之水平有限，肯定存在许多不足之处，欢迎批评指正。

编者

2014 年 3 月

目　录

Contents

第一部分 绪论

一、实验意义及目的

化工原理课程是化学工程与化工工艺类及相关专业的重要技术基础课，其主要任务是研究生产过程中各种单元操作的规律，并用这些规律解决生产中的工程问题。本课程在培养从事化工科学研究和工程技术人才过程中发挥着重要作用。

化工原理实验是配合化工原理课堂理论教学设置的实验课，是教学中的实践环节。化工原理实验不同于基础课实验，具有典型的工程实际特点。实验都是按照单元操作原理设置的，其工艺流程、操作条件和参数变量，都比较接近于工业应用，并用工程的观点去分析、观察和处理数据，实验结果可以直接用于或指导工程计算和设计。学习、掌握化工原理的实验及其研究方法，是学生从理论学习到工程应用的一个重要实践过程。通过实验可以达到以下教学目的。

① 配合理论教学，通过实验从实践中进一步学习、掌握和运用学过的基本理论。

② 运用学过的化工基本理论，分析实验过程中的各种现象和问题，培养训练学生分析问题和解决问题的能力。

③ 了解化工实验设备的结构、特点，学习常用实验仪器仪表的使用，使学生掌握化工实验的基本方法，并通过实验操作训练学生的实验技能，通过设计型综合实验，提高学生素质。

④ 应用计算机进行实验数据的分析处理，编写报告，培养训练学生实际计算和组织报告的能力。

⑤ 通过实验培养学生良好的学风和工作作风，以严谨、科学、求实的精神对待科学实验与开发研究工作。

二、实验研究方法

化学工程学科，如同其他工程学科一样，除了生产经验的总结之外，实验研究是学科建立和发展的重要基础。多年来，化工原理在发展过程中形成的研究方法有：直接实验法、理论指导下的实验研究方法(量纲分析法)和数学模型法等几种。

1. 直接实验法

直接实验法是解决工程实际问题最基本的方法。一般是指对特定的工程问题，进行直接实验测定，从而得到需要的结果。这种方法得到的结果较为可靠，但它往往只能用于条件相同的情况，具有较大的局限性。例如物料干燥，已知物料的湿分，利用空气作干燥介质，在空气温度、湿度和流量一定的条件下，直接实验测定干燥时间和物料失水量，可以作出该物料的干燥曲线，如果物料和干燥条件不同，所得干燥曲线也不同。

对一个多变量影响的工程问题进行实验，为研究过程的规律，用网络法实验测定，即依次固定其他变量，改变某一个变量测定目标值。如果变量数为 m 个，每个变量改变条件数

为 n 次，按这种方法规划实验，所需实验次数为 n^m 次。依这种方法组织实验，所需实验数目非常大，难以实现。所以实验需要在一定理论指导下进行，以减少工作量，并使得到的结果具有一定的普遍性。量纲分析法是化学工程实验研究广泛使用的一种方法。

2. 量纲分析法

在流体力学和传热过程的问题研究中，出现许多影响这些过程的变量，如设备的几何条件、流体流动条件、流体物性变化等，用直接实验法测定，研究工作比较困难，因为改变许多变量来做实验，这几乎是不可能的，而且实验结果也难以普遍推广。利用量纲分析法，可以大大减少工作量。

量纲分析法，所依据的基本原则是物理方程的量纲一致性。将多变量函数，整理为简单的量纲为一数群(又称特征数)之间的函数，然后通过实验归纳整理出量纲为一数群之间的具体关系式，从而大大减少实验工作量，同时也容易将实验结果应用到工程计算和设计中。量纲分析法的具体步骤是：

① 找出影响过程的独立变量；

② 确定独立变量所涉及的基本量纲；

③ 构造变量和自变量间的函数式，通常以指数方程的形式表示；

④ 用基本量纲表示所有独立变量的量纲，并写出各独立变量的量纲式；

⑤ 依据物理方程的量纲一致性和 Π 定理得出量纲为一数群方程；

⑥ 通过实验归纳总结量纲为一数群的具体函数式。

例如，流体在管内流动的阻力和摩擦系数 λ 的计算研究，是利用量纲分析法和实验得到解决的，可参见相关教材。利用量纲分析法，也可以得到各种传热过程的量纲为一数群(特征数)之间的关系。

3. 数学模型法

数学模型法是近 20 年产生、发展和日趋成熟的方法，但这一方法的基本要素，在化工原理各单元中早已应用，只是没上升为模型方法的高度。数学模型法是在对研究的问题有充分认识的基础上，将复杂问题作合理简化，提出一个近似实际过程的物理模型，并用数学方程(如微分方程)表示的数学模型，然后确定该方程的初始条件和边界条件，求解方程。高速大容量电子计算机的出现，使数学模型法得以迅速发展，成为化学工程研究中的强有力工具，但这并不意味着可以取消和削弱实验环节。相反，对工程实验提出了更高的要求。一个新的、合理的数学模型，往往是在现象观察的基础上，或对实验数据进行充分研究后提出的，新的模型必然引入一定程度的近似和简化，或引入一定参数，这一切都有待于实验进一步的修正、校核和检验。

三、实验要求

1. 实验准备工作

实验前必须认真预习实验教材和化工原理教材有关章节，仔细了解所做实验的目的、要求、方法和基本原理。在全面预习的基础上写出预习报告(内容包括：目的、原理、实验方案及预习中的问题)，并准备好实验记录表格。

进入实验室后，要对实验装置的流程、设备结构、测量仪表做细致的了解，并认真思考实验操作步骤、测量内容与测定数据的方法。对实验预期的结果、可能发生的故障和排除方法，作一些初步的分析和估计。

实验开始前同组成员应进行适当分工，明确要求，以便实验中协调工作。设备启动前要检查、调整设备进入启动状态，然后再送电、送水或蒸汽之类，启动操作。

2. 实验操作、观察与记录

设备的启动与操作，应按教材说明的程序逐项进行，对压力、流量、电压等变量的调节和控制要缓慢进行，防止剧烈波动。

在实验过程中，应全神贯注地精心操作，要详细观察所发生的各种现象，例如物料的流动状态等，这将有助于对过程的分析和理解。

实验中要认真仔细地测定数据，将数据记录在规定的表格中，对数据要判断其合理性，在实验过程中如遇数据重复性差或规律性差等情况，应分析实验中的问题，找出原因加以解决。必要的重复实验是需要的，任何草率的学习态度都是有害的。

做完实验后，要对数据进行初步检查，查看数据的规律性，有无遗漏或记错，一经发现应及时补正。实验记录应请指导教师检查，同意后再停止实验并将设备恢复到实验前的状态。

实验记录是处理、总结实验结果的依据。实验应按实验内容预先制作记录表格，在实验过程中认真做好实验记录，并在实验中逐渐养成良好的记录习惯。记录应仔细认真，整齐清楚。要注意保存原始记录，以便核对。以下是几点参考意见。

① 对稳定的操作过程，在改变操作条件后，一定要等待过程达到新的稳定状态，再开始读数记录。对不稳定的操作过程，从过程开始，就应进行读数记录，为此就要在实验开始之前，充分熟悉方法并计划好记录的时刻或位置等。

② 记录数据应是直接读取原始数值，不要经过运算后再记录，例如秒表读数 1min38s，就应记为1′38″，不要记为98″。又如U形压差计两臂液柱高差，应分别读数记录，不应只读取或记录液柱的差值，或只读取一侧液柱的变化乘2。

③ 根据测量仪表的精度，正确读取有效数字。例如 1/10℃分度的温度计，读数为22.24℃时，其有效数字为四位，可靠值为三位。读数最后一位是带有读数误差的估计值，尽管带有误差，在测量时还应进行估计。

④ 对待实验记录应取科学态度，不要凭主观臆测修改记录数据，也不要随意舍弃数据。对可疑数据，除有明显原因，如读错、误记等情况使数据不正常可以舍弃之外，一般应在数据处理时检查处理。数据处理时可以根据已学知识，如热量衡算或物料衡算为根据，或根据误差理论舍弃原则来进行。

⑤ 记录数据应注意书写清楚，字迹工整。记错的数字应划掉重写；避免用涂改的方法，涂改后的数字容易误读或看不清楚。

3. 实验报告

实验结束后，应及时处理数据，按实验要求，认真地完成报告的整理编写工作。实验报告是实验工作的总结，编写组织报告也是对学生工作能力的培养，因此要求学生各自独立完成这项工作。

实验报告应包括以下内容：

① 实验题目；

② 实验目的或任务；

③ 实验基本原理；

④ 实验设备及流程(绘制简图)，简要操作说明；

⑤原始数据记录；

⑥ 数据整理方法及计算示例，实验结果可以用列表、图形曲线或经验公式表示；

⑦ 分析讨论。

实验报告应力求简明，分析说理清楚，文字书写工整，正确使用标点符号。图表要整齐地放在适当位置，报告要装订成册。

报告中应写出学生姓名、班级、实验日期、同组人和指导教师姓名。

报告应在指定时间交指导教师批阅。

四、实验课堂纪律和注意事项

① 准时进实验室，不得迟到或早退，不得无故缺课。

② 遵守课堂纪律，严肃认真地进行实验。实验室不准吸烟，不准打闹、说笑或进行与实验无关的活动。

③ 对实验设备及仪器等在没弄清楚使用方法之前，不得开动。不要乱动与本实验无关的设备和仪表。

④ 爱护实验设备、仪器仪表。注意节约使用水、电、汽及药品。

⑤ 保持实验现场和设备的整洁，禁止在设备、仪器和台桌等处乱写、乱画。衣物、书包不得挂在实验设备上，应放在指定位置。

⑥ 注意安全及防火。电动机开动前，应观察电机及运转部件附近有无人员在工作，合上电闸时，应慎防触电。注意电机有无怪声和严重发热现象。精馏实验设备附近不准动用明火。

⑦ 实验结束后，同学应认真清扫现场，并将实验设备、仪器等恢复到实验前状态，经检查合格后方可以离开实验室。

最后，要严格遵守实验室的规章制度，确保人身安全及设备完好，使得实验教学正常进行。

第二部分 实验误差和数据处理

一、误差的基本概念

实验数据的精确度直接标志着实验的质量和水平，而实验数据的精确度均取决于实验方法和个别实验条件的总和。后者又包括实验设备的现代化，所采用仪器的精密程度和灵敏度以及周围环境和人的观察力等因素有关。由于上述因素均具有一定的局限性，所以测量和实验所得数值和真值之间，总存在一定差异，在数值上即表现为误差。因此，必须对实验的误差进行分析，确定导致实验总误差的最大组成因素，从而改善薄弱环节，提高实验的质量。

1.真值与平均值

真值是一个理想的概念，一般是不能观测到的，但是若对某一物理量经过无限多次的测量，其出现误差有正也有负，而正负误差出现的概率是相同的。因此，假如在不存在系统误差的前提下，它们的平均值就相当接近于这物理量的真值。所以在实验科学中作这样的定义：无限多次的观测的平均值为真值。由于实验工作中观测的次数总是有限的，由这一有限次的观测值的平均值，只能近似于真值，故称这个平均值为最佳值。

化工中常用的平均值有：

算术平均值

$$x_{\mathrm{m}}=\frac{x_1+x_2+\cdots+x_n}{n}=\frac{\sum_{i=1}^{x} x_i}{n} \tag{2-1}$$

均方根平均值

$$x_{\mathrm{s}}=\sqrt{\frac{x_1^2+x_2^2+\cdots+x_n^2}{n}}=\sqrt{\frac{\sum_{i=1}^{n} x_i^2}{n}} \tag{2-2}$$

几何平均值

$$x_{\mathrm{c}}=\sqrt[n]{x_1 x_2 \cdots x_n}=\sqrt[n]{\prod x_i} \tag{2-3}$$

式中 x_1，x_2，…，x_n——观测值；

n——观测次数。

计算平均值方法的选择，取决于一组观测值的分布类型。在一般情况下，观测值的分布属于正常类型，因此，算术平均值作为最佳值用得最为普遍。

2.误差的分类

误差按其性质和产生的原因可分为三类。

(1) 系统误差　是指在同一条件下，多次测量同一量时，误差的数值和符号保持恒定，或在条件改变时，按某一确定的规律变化的误差。系统误差的大小反映了实测数据准确度的高低。

产生系统误差的原因：① 仪器不良，如刻度不准，仪表未经校正或标准表本身存在偏差等；② 周围环境的改变，如外界温度、压力、风速等；③ 实验人员个人习惯和偏向，如读数的偏高或偏低等所引起的误差。可针对上述诸原因，分别改进仪器和实验装置，以及提高实验技巧，予以消除系统误差。

(2) 随机误差(或称偶然误差)　在已经消除系统误差的前提下，随机误差是指在相同条件下测量同一量时，误差的绝对值时大时小，其符号时正时负，没有确定的规律的误差。随机误差的大小反映了精密程度的高低。这类误差产生原因无法预测，因而无法控制和补偿。但是倘若对一等量值作足够多次数的等精度测量时就会发现随机误差完全服从统计规律，误差的大小和正负的出现完全由概率决定的。因此随着测量次数的增加，随机误差的算术平均值必趋近于零。所以，多次测量结果的算术平均值将更接近于真值。

(3) 过失误差(或称粗大误差)　是一种显然与事实不符的误差，它主要是由于实验人员粗心大意如读错数据，或操作失误等所致。存在过失误差的观测值在实验数据整理时必须剔除，因此实验时，只要认真负责是可以避免这类误差的。

显然，实测列数据的精确程度是由系统误差和随机误差的大小来决定的。系统误差越小，则列数据的准确度越高；又随机误差越小，则列数据的精确度越高。所以要使实测列数据的精确度高就必须满足系统误差和随机误差均很小。

3.误差表示法

某测量点的误差通常由下面三种形式表示。

(1) 绝对误差　某量的观测值与真值的差叫绝对误差，通称误差。但在实际工作中，以平均值(即最佳值)代替真值，把观测值与最佳值之差叫剩余误差，但习惯上叫做绝对误差。

(2) 相对误差　为了比较不同被测量的测量精度的高低而引入了相对误差。

$$相对误差=\frac{绝对误差}{真值}\times 100\%\approx\frac{绝对误差}{最佳值}\times 100\%$$

(3) 引用误差(或相对示值误差)　指的是一种简化的实用方便的仪器仪表指示值的相对误差。它是以仪器仪表的满刻度示值为分母，某一刻度点示值为分子所得比值的百分数。仪器仪表的精度用此误差来表示。比如1级精度仪表，即为：

$$引用误差=\frac{量程内最大示值误差}{满量程示值}\times 100\%$$

在化工领域中，常用算术平均误差和标准误差来表示测量数据的误差。

① 算术平均误差

$$\sigma=\frac{\sum_{i=1}^{n}|x_i-x_m|}{n} \tag{2-4}$$

式中　n——观测次数；

x_i——观测值；

x_m——n 次观测的算术平均值。

② 标准误差　简称为标准差，或称均方根误差(均方误差)。当测定次数 n 为无穷时，其定义为

$$\sigma=\sqrt{\frac{\sum_{i=1}^{n}(x_i-x_m)^2}{n}} \tag{2-5}$$

在有限观测次数中，标准误差常用下式表示：

$$\sigma=\sqrt{\frac{\sum_{i=1}^{n}(x_i-x_m)^2}{n-1}} \tag{2-6}$$

标准误差 σ 的大小说明，在一定条件下等精度测量列数据中每个观测值对其算术平均值的分散程度。如果 σ 的数值小，该测量列数据中相应小的误差占优势，任一单次观测值对其算术平均值的分散度就小，测量的精度就高；反之精度就低。

二、测量精度的评价

实测列数据的可靠程度如何、怎样提高它们的可靠性，等等，这些都要求了解对给定条件下误差的基本性质和变化的规律。

1.偶然(随机)误差的正态分布

如果测量数列中不包含系统误差和过失误差，从大量的实验中发现偶然误差具有如下特点：

① 绝对值相等的正误差和负误差，其出现的概率相同；

② 绝对值小的误差出现的概率大，而绝对值大的误差出现的概率小；

③ 绝对值很大的误差出现的概率趋近于零，也就是误差值有一定的实际极限；

④ 当测量次数 $n\to\infty$ 时，误差的算术平均值趋近于零。这是由于正负误差相互抵消的结果。这也说明在测定次数无限多时，算术平均值就等于测定量的真值。

偶然误差的分布规律，在经过大量的测量数据的分析后知道，它是服从正态分布(高斯分布)的，其误差函数 $f(x)$ 表达式为

$$y=f(x)=\frac{h}{\sqrt{\pi}}e^{-h^2x^2} \tag{2-7}$$

或者

$$y=f(x)=\frac{1}{\sigma\sqrt{2\pi}}e^{-\frac{x^2}{2\sigma^2}} \tag{2-8}$$

式中，h 为精密指数，$\frac{1}{\sigma\sqrt{2}}$；x 为实测值与真值之差；σ 为均方误差。式(2-8)是高斯于 1795 年推导出的，因此，也称为高斯误差分布定律。根据此方程所画出的曲线则称为误差曲线或高斯正态分布曲线，如图 2-1 所示。横坐标 x 表示偶然误差，纵坐标 y 表示各误差出现的概率，此曲线为一对称形的曲线。此误差分布曲线完全反映了偶然误差的上述特点。

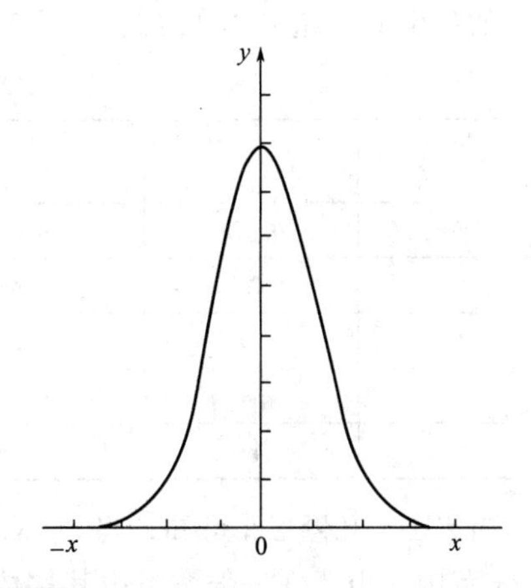

图 2-1 误差分布曲线（高斯正态分布曲线）

现在来考察一下 σ 值对分布曲线的影响。由式(2-8)可见，数据的均方误差 σ 越小，e 指数的绝对值就越大，y 减小得就越快，曲线下降得也就更急，而在 $x=0$ 处的 y 值也就越大；反之，σ 越大，曲线下降得就越缓慢，而在 $x=0$ 处的 y 值也就越小。图 2-2

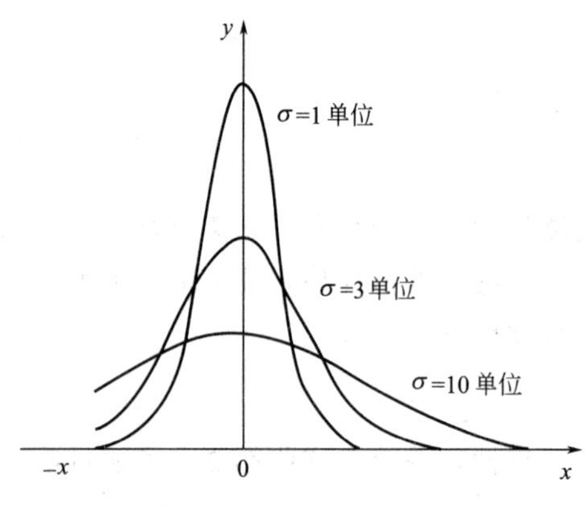

图 2-2 不同 σ 值时的误差分布曲线

对三种不同的 σ 值（σ＝1 单位，σ＝3 单位，σ＝10 单位）给出了偶然误差的分布曲线。

从这些曲线以及上面的讨论中可以明显地看出，σ 值越小，小的偶然误差出现的次数就越多，测定精度也就越高。当 σ 越大时，就会经常碰到大的偶然误差，也就是说，测定的精度也就越差。因而实测列数据的均方误差 σ，完全能够表达出测定数据的精确度，亦即表征着测定结果的可靠程度。

2. 可疑的实验观测值的舍弃

由概率积分知，偶然误差正态分布曲线下的全部面积，相当于全部误差同时出现的概率，

即
$$P=\frac{1}{\sqrt{2\pi\sigma}}\int_{-\infty}^{+\infty}\mathrm{e}^{\frac{-x^2}{2\sigma^2}}\mathrm{d}x=1 \tag{2-9}$$

若随机误差在 $-\sigma\sim+\sigma$ 范围内，概率则为

$$P(|x|<\sigma)=\frac{1}{\sqrt{2\pi\sigma}}\int_{-\sigma}^{\sigma}\mathrm{e}^{\frac{x^2}{2\sigma^2}}\mathrm{d}x=\frac{2}{\sqrt{2\pi\sigma}}\int_{0}^{\sigma}\mathrm{e}^{\frac{x^2}{2\sigma^2}}\mathrm{d}x \tag{2-10}$$

令 $t=\frac{x}{\sigma}$，则
$$x=t\sigma$$

所以
$$P(|x|<\sigma)=\frac{2}{\sqrt{2\pi}}\int_{0}^{t}\mathrm{e}^{-\frac{t^2}{2}}\mathrm{d}t \tag{2-11}$$

若令
$$\phi(t)=\frac{1}{\sqrt{2\pi}}\int_{0}^{t}\mathrm{e}^{-\frac{t^2}{2}}\mathrm{d}t$$

则
$$P(|x|<\sigma)=2\phi(t)$$

即误差在 $\pm t\sigma$ 的范围内出现的概率为 $2\phi(t)$，而超出这个范围的概率则为 $1-2\phi(t)$。其中 $\phi(t)$ 称为概率函数。

$\phi(t)$ 与 t 的对应值在数学手册或专著中均附有此类积分表，现给出几个典型的 t 值及其相应的超出或不超出 $|x|$ 的概率，见表 2-1 和图 2-3。

表 2-1　t 值及其相应的概率

t	$\|x\|=t\sigma$	不超出 $\|x\|$ 的概率 $2\phi(t)$	超出概率 $\|x\|$ $1-2\phi(t)$	测量次数 n	超出 $\|x\|$ 的测量次数 n'
0.67	0.67σ	0.4972	0.5028	2	1
1	1σ	0.6826	0.3174	3	1
2	2σ	0.9544	0.0456	22	1
3	3σ	0.9973	0.0027	370	1
4	4σ	0.9999	0.0001	15626	1

由表 2-1 和图 2-3 可知，当 $t=3$，$|x|=3\sigma$ 时，在 370 次观测中只有一次误差绝对值超出 3σ 范围。由于在一般测量中其次数不过几次或几十次，因而可以认为 $|x|>3\sigma$ 的误差是不会发生的。通常把这个误差称为单次测量的极限误差，也称为 3σ 原则。由此认为，

$|x|>3\sigma$ 的误差已不属于偶然误差，这可能是由于过失误差或实验条件变化未被发觉引起的，实验这样的数据点经分析和误差计算以后应予以舍弃。

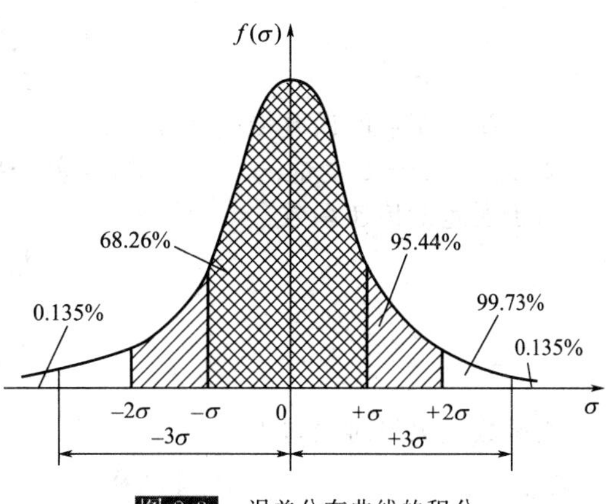

图 2-3　误差分布曲线的积分

3. 间接测量值的误差

实验中一些量可以直接测得，如流体的压强、温度等；而另一些量不能直接测得，如流体流速、传热问题中的换热量，前者叫做直接测量量，后者叫做间接测量量。间接测量量是由直接测量量通过确定的函数关系算出来的。前面讨论的主要是直接测量量的误差计算问题，既然直接测量量有误差，这些误差必然会传递到间接测量量中去，间接测量量也必然存在误差。

（1）误差传递的基本公式　设间接测量量 y 是直接测量量 x_1，x_2，…，x_n 的函数，记为

$$y=f(x_1,x_2,\cdots,x_n) \tag{2-12}$$

对上式求全微分

$$\mathrm{d}y=\frac{\partial f}{\partial x_1}\mathrm{d}x_1+\frac{\partial f}{\partial x_2}\mathrm{d}x_2+\cdots+\frac{\partial f}{\partial x_n}\mathrm{d}x_n \tag{2-13}$$

将上式改为误差公式时，式中的 $\mathrm{d}y$，$\mathrm{d}x_1$，$\mathrm{d}x_2$，$\mathrm{d}x_n$ 均用 Δy，Δx_1，Δx_2，…，Δx_n 代替，即得绝对误差公式：

$$\Delta y=\frac{\partial f}{\partial x_1}\Delta x_1+\frac{\partial f}{\partial x_2}\Delta x_2+\cdots+\frac{\partial f}{\partial x_n}\Delta x_n \tag{2-14}$$

或

$$\Delta y=\sum_{i=1}^{n}\frac{\partial f}{\partial x_i}\Delta x_i \tag{2-15}$$

式中　$\frac{\partial f}{\partial x_i}$——误差传递函数；

Δx_i——直接测量量的误差；

Δy——间接测量量的误差或称函数误差。

此式表明，一个直接测量量的误差对间接测量量的误差的影响，不仅取决于误差本身，还取决于误差传递函数。

间接测量量的最大绝对(极限)误差为

$$\Delta y'=\sum_{i=1}^{n}\left|\frac{\partial f}{\partial x_i}\Delta x_i\right| \tag{2-16}$$

相对误差为

$$E_{r'}=\frac{\Delta y}{y}=\sum_{i=1}^{n}\frac{\partial f}{\partial x_i}E_i \tag{2-17}$$

同理，其最大相对误差为

$$E_{r'}=\frac{\Delta y}{y}=\sum_{i=1}^{n}\left|\frac{\partial f}{\partial x_i}E_i\right| \tag{2-18}$$

如果每一总量 x_i 均进行了 n 次检测，设相应的标准误差为 σ_i，那么间接测量量 y 的标准误差为

$$\sigma_y = \sqrt{\sum_{i=1}^{n} (\frac{\partial f}{\partial x_i})^2 \sigma_i^2} \tag{2-19}$$

（2）简单函数的误差传递计算公式：

① 设 $y=x\pm z$ 变量 x、z 的标准误差分别为σ_x，σ_z。

由于误差的传递系数：

$$\frac{\partial y}{\partial x}=1$$

$$\frac{\partial y}{\partial z}=\pm 1$$

则函数最大绝对误差为

$$\Delta y - | \Delta x | + | \Delta z | \tag{2-20}$$

函数标准误差为

$$\sigma_y = \sqrt{\sigma_x^2 + \sigma_z^2} \tag{2-21}$$

② 设 $y=kxz/w$，变量 x、z、w 的标准误差分别为σ_x、σ_z、σ_w，k 为常数。

由于传递系数分别为

$$\frac{\partial y}{\partial x}=\frac{kz}{w}=\frac{y}{x} \tag{2-22}$$

$$\frac{\partial y}{\partial z}=\frac{kx}{w}=\frac{x}{z} \tag{2-23}$$

$$\frac{\partial y}{\partial z}=-\frac{kxz}{w^2}=\frac{y}{w} \tag{2-24}$$

则函数的最大误差为

$$E_{r'}=| \frac{\Delta x}{x} | + | \frac{\Delta z}{z} | + | \frac{\Delta w}{w} | \tag{2-25}$$

函数的标准误差为

$$\sigma_y = k\sqrt{(\frac{z}{w})^2\sigma_x^2 + (\frac{x}{w})^2\sigma_z^2 + (\frac{xz}{w^2})\sigma_w^2} \tag{2-26}$$

③ 设 $y=b+kx^n$，变量 x 的标准误差为σ_x，b、k、n 为常数。

由于误差传递系数为

$$\frac{\partial y}{\partial x}=nkx^{n-1} \tag{2-27}$$

则函数绝对误差为

$$\Delta y' = | nkx^{n-1}\Delta x | \tag{2-28}$$

函数的标准误差为

$$\sigma_y = nkx^{n-1}\sigma_x \tag{2-29}$$

④ 设 $y=k+\ln x$，变量 x 的标准误差为σ_x，k、n 为常数。

由于误差传递函数为

$$\frac{\partial y}{\partial x}=\frac{n}{x} \tag{2-30}$$

这函数的绝对误差为

$$\Delta y' = | \frac{n}{x}\Delta x | \tag{2-31}$$

函数的标准误差为

$$\sigma_y = \frac{n}{x}\sigma_x \tag{2-32}$$

⑤ 算术平均值的误差。

由算术平均值的定义知：

$$M_m = \frac{M_1 + M_2 + \cdots + M_n}{n} \tag{2-33}$$

由于误差传递系数为

$$\frac{\partial M_m}{\partial M_i} = \frac{1}{n}, \qquad i = 1,2,3,\cdots,n \tag{2-34}$$

则算术平均值的最大绝对误差为

$$\Delta M_m = \sum_{i=1}^{n} |\Delta M_i| / n \tag{2-35}$$

算术平均值的标准误差为

$$\sigma_m = \sqrt{\frac{1}{n}(\sigma_1^2 + \sigma_2^2 + \cdots + \sigma_n^2)} = \sqrt{\frac{1}{n^2}\sum_{i=1}^{n}\sigma_i^2} \tag{2-36}$$

当 M_1，M_2，…，M_n 是同组等精度测量值，它们的标准误差相同，记为 σ，则

$$\sigma_m = \sqrt{\frac{n\sigma^2}{n^2}} = \frac{\sigma}{\sqrt{n}} \tag{2-37}$$

因此，该组测量值得真实值为

$$x = M_m \pm \sigma_m \tag{2-38}$$

【例 2-1】用量热器测定固体比热容时采用的公式：

$$C_p = \frac{M(t_2 - t_0)}{m(t_1 - t_2)} C_{pH_2O} \tag{2-39}$$

式中 M——量热器内水的质量，kg；

m——被测物体的质量，kg；

t_0——测量前水的温度,℃；

t_1——放入量热器前物体的温度,℃；

t_2——测量时水的温度,℃；

C_{pH_2O}——水的比热容，kJ/(kg•K)，C_{pH_2O}=4.187kJ/(kg•K)。

测量结果如下：

M=(250±0.2)×10^{-3}kg，　　m=(62.31+0.02)×10^{-3}kg

t_0=(13.52±0.01)℃，　　t_1=(99.32±0.04)℃

t_2=(17.00±0.01)℃

试求测量物的比热容之真值。

解：根据题意，计算函数之真值，需计算各变量的绝对误差和误差传递系数，为了简化计算，令

$$T_0 = t_2 - t_0 = 3.48℃$$

$$T_1 = t_1 - t_2 = 82.32℃$$

方程改写成

$$C_p = \frac{MT_0}{mT_1} C_{pH_2O} \tag{2-40}$$

各变量的绝对误差为

$\Delta M = 0.2 \times 10^{-3}\text{kg}$，　　$\Delta m = 0.02 \times 10^{-3}\text{kg}$

$\Delta T_0 = |\Delta t_2| + |\Delta t_0| = 0.01 + 0.01 = 0.02(℃)$

$\Delta T_1 = |\Delta t_1| + |\Delta t_2| = 0.04 + 0.01 = 0.05(℃)$

各变量的标准误差为

$$\Delta C_p = \left[\left(\frac{\partial C_p}{\partial M}\Delta M\right)^2 + \left(\frac{\partial C_p}{\partial m}\Delta m\right)^2 + \left(\frac{\partial C_p}{\partial T_0}\Delta T_0\right)^2 + \left(\frac{\partial C_p}{\partial T_1}\Delta T_1\right)^2\right]^{1/2}$$

$$= [(2.83 \times 0.02 \times 10^{-3})^2 + (-11.39 \times 10^{-3} \times 0.02)^2 + (0.02 \times 0.02)^2 + (-8.63 \times 10^{-3} \times 0.05)^2]^{1/2}$$

$$\approx 4.1 \times 1^{-3}\text{kJ/(kg·K)}$$

$$C_p = \frac{MT_0}{mT_1}C_{pH_2O} = \frac{250 \times 10^{-3} \times 3.48}{62.31 \times 10^{-3} \times 82.32} \times 4.187$$

$$= 0.7102[\text{kJ/(kg·K)}] \approx 0.710[\text{kJ/(kg·K)}]$$

故 $C_{平}$ 真值为(0.710±0.004)kJ/(kg·K)。

(3) 误差传递公式在间接测量中的应用　测量中有两类问题是经常碰到的。一类是，给定一组直接测量量的误差，要求计算间接测量量的误差。这就是误差的传递，上面谈到的绝对误差、相对误差及标准误差的传递公式可以用来解决这一些问题；另一类是，给定间接测量量的误差，要求计算各个直接测量量的最大允许误差，这叫做误差的分配。原则上也可以用上述传递公式，但实际应用中常常假定各直接测量量对于间接测量量所引起的误差均相等，由式(2-19)，得

$$\sigma_y \sqrt{\sum_{i=1}^{n}\left(\frac{\partial f}{\partial x_i}\right)^2 \sigma_i^2} = \sqrt{n\left(\frac{\partial f}{\partial x_i}\right)^2 \sigma_i^2} = \sqrt{n}\left(\frac{\partial f}{\partial x_i}\right)\sigma_i \tag{2-41}$$

由上式得到各直接测量量的标准偏差为

$$\sigma_i = \sigma_y / \sqrt{n}\left(\frac{\partial f}{\partial x_i}\right) \tag{2-42}$$

在实际工作中，如果某一直接测定量 x_i 满足

$$\left(\frac{\partial f}{\partial x_i}\right)\sigma_i = \frac{1}{3}\sigma \tag{2-43}$$

则可以略去不计。

三、实验结果的数据处理

在实验测量和数据处理中，正确的数据记录和运算都应用有效数字的概念和运算规则来处理。

1. 有效数字的概念

所谓有效数字是指一个几位数中除末一位数为欠准或不确定外，其余各位都是准确知道的。这个数据有几位数，就说这个数字有几位有效数字。例如微压计的读数为257.3mmH_2O(1mmH_2O=9.80665Pa)，这是由四位数字组成的数，在这个四位数中，前面三位是准确知道的，而最后一位3通常是靠估计得出的欠准数字。这四个数字对测量结果都是有效的，不可少的，因而257.3得有效数字位数为四。实际上，实验数据的有效数字位数反映仪表的精确度和存在疑问的数字位置。换言之，实验数据的准确度取决于有效数字的位数，而这个有效数字的位数又是由仪器仪表的精度来决定的。例如，25.1℃和25.15℃，

25.1℃的有效数字位数为 3 位，最后一位是估计值，也即测量用的温度计的最小分度为 0.1℃，而 25.15℃估计读数可以到 0.01℃。显然后者的温度计的精度要比前者的高出一个等级。

2.有效数字的运算规则

（1）加减法运算　以计算流体的进、出口温度之和、差为例，若测得流体进、出口温度分别为 17.1℃和 62.35℃，则

温度和	温度差
62.35	62.35
17.1	17.1
—	—
79.45	45.25

由于运算结果具有二位存疑值，它和有效数字的概念(每个有效数字只能有一位存疑值)不符，故第二位存疑数应做四舍五入后加以抛弃。所以二者的结果为温度和等于 79.5℃，温度差等于 45.3℃。

从上面例子可以看出，为了保证间接测量量的精度，实验装置中选取仪器仪表时，其精度要一致，否则系统的精度将受到精度较低的仪器仪表的限制。

（2）乘除法运算　两个量相乘(或相除)的积(或商)，其有效数字位数与各因子中有效数字位数最少的相同。

（3）乘方、开方运算　乘方、开方后的有效数字位数与其底数相同。

（4）对数运算　对数的有效数字位数与其真数相同。

3.实验结果的数据处理

通过实验测得一组构成变量之间关系的数据，需要清晰地表示自变量和因变量之间的关系。表示实验数据的方法一般有三种：列表法、图示法和公式法。

（1）实验数据的列表表示法　在进行化工原理实验时，至少包含了两个变量，一个叫做自变量或独立变量，另一个叫做应变量或因变量。列表法就是将一组实验数据中的自变量和其相应的因变量的数组，按照一定的格式和顺序排列出来，成一一对应关系。他简单易做，数据便于参考比较，形式紧凑。例如表中自变量 x 和因变量 y 之间有 $y=f(x)$的函数，不必知道函数的形式，就可对 $f(x)$求微分或积分。

化工原理实验中的表格形式一般只用函数式，即将自变量 x 和因变量 y 的各个对应值，均在表中按 x 的增加或减小的顺序一一列出来。一个完整的函数式表，应该包括表的序号(即编号)、名称、项目、数据(单位)以及必要的说明(可用备注加以说明，例如数据摘引的来源、实验的条件等)。

（2）实验数据的图形表示法　图形表示法就是将实验数据作出一条尽可能反映真实情况的实验曲线。其优点是直观清晰，便于比较，容易看出数据中的极值点、转折点、周期性、变化率及其他特性。

根据数据作图，通常包括下列六个步骤：

① 坐标的选择；

② 坐标的分度；

③ 坐标分度值的标记；

④ 根据数据描点；

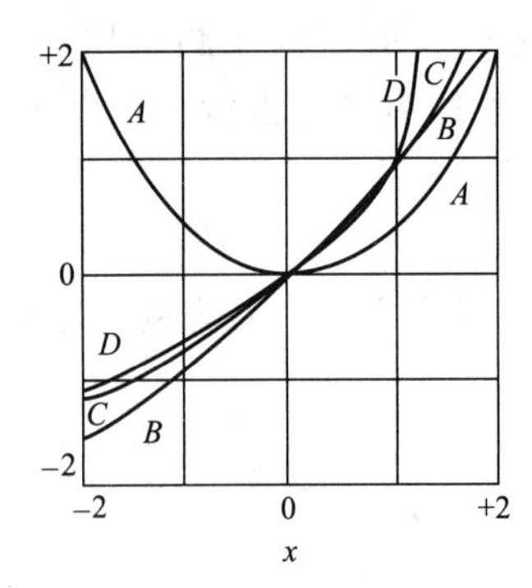

图 2-4 抛物线类型的曲线

⑤ 绘制曲线；

⑥ 图注和说明。

(3) 实验数据的公式表示法 实验数据除了用列表表示和图形表示以外，还常将所获得的实验数据整理成经验公式(或叫数字方程式)，即将变量之间的关系表达成 $y=f(x)$的函数关系，以描述过程或现象的规律，建立数学模型。

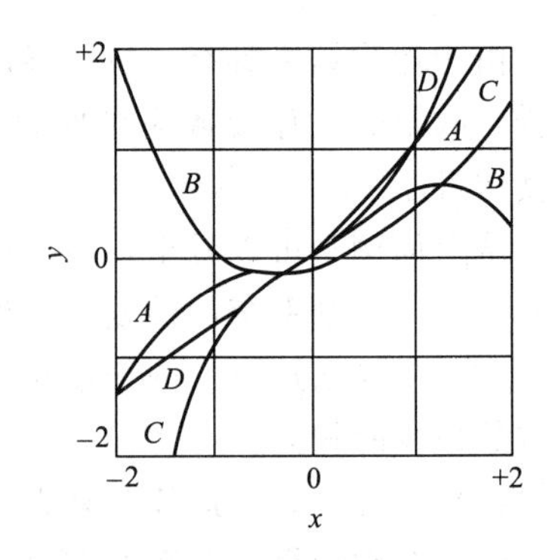

图 2-5 三次多项式类型的曲线

A-A：$y=x/2+x^2/3+x^3/4$

B-B：$y=x/2+x^2/3-x^3/4$

C-C：$y=x/2-x^2/3+x^3/4$

D-D：$y=x+0.2x^2+0.05x^3$

化工原理的实验数据整理成方程式的方法有两种：一种是以某种函数形式(大多采用多项式幂函数)来拟合数据，另一种是对所研究的现象或过程作深入的理解和合理简化后，建立起数学模型，而后通过实验数据来确定模型参数。

经验方程式的确定，一般可分为三个步骤：① 确定经验公式的函数模型；② 确定经验公式中各个待定系数；③ 对经验公式的可靠程度(精度)进行比较。

① 经验公式函数类型的确定 将一组实验数据在坐标系中标绘成曲线，然后与典型函数曲线进行对照，通过比较如发现某种已知的典型函数曲线与实验数据标绘的曲线相似，那么就采用那种函数曲线的方程作为待定经验方程式。

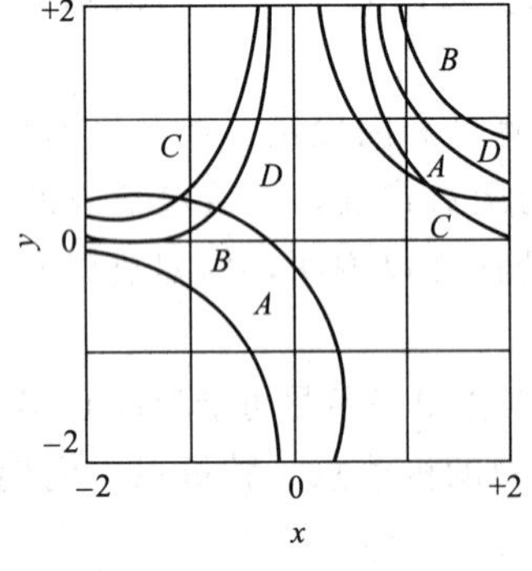

图 2-6 双曲线类型的曲线

A-A：$xy=0.5$

B-B：$(x-0.5)(y-0.5)=0.5$

C-C：$x^2y=0.5$

D-D：$y=0.5(1/x+1/x^2)$

图 2-4～图 2-9，代表了常见的几种方程式的类型，以及当式中常数项改变时所得到的各种不同类型的曲线。

在进行上述比较时会发现实验曲线往往同时与几种已知的典型函数曲线相似，因此就存在一个选择哪种经验公式更适宜的问题。

一般来说，应尽量选择便于线性化的函数关系，并进行线性化检验。所谓线性化检验就是将非线性函数 $y=f(x, a, b)$转换成线性函数 $Y=A+BX$，其中 a，b 是待定函数；A、B 是 a，b 的函数，x、y 是实验数据点，X、Y 是 x、y 的函数。如果有若干个相距较远的点(X、Y)在直角坐标系上标绘的图形基本符合直线，则可以认为所选公式是合适的，反之需要重新选择经验公式，直至所绘曲线为一条直线。之所以要求直线，是为了在离散点图上能方便而准确地画出经验公式所需的直线。

例如，对于幂函数 $y=ax^b$

取对数后得

$$\lg y=b\lg x+\lg a \tag{2-44}$$

令

$$Y=\lg y \tag{2-45}$$

$$X=\lg x \tag{2-46}$$

$$A=b\ (常数),\ B=\lg a\ (常数) \tag{2-47}$$

则上式转化成

$$Y=AX+B \tag{2-48}$$

所以，在双对数坐标系上标绘 x-y(而不是 X-Y)关系便可获得一条直线(见图 2-10)，函数的线性化方法见表 2-2。

经过挑选和线性化检验合适后，下一步就需要确定经验公式中的待定系数，以得出完整的数学模型。

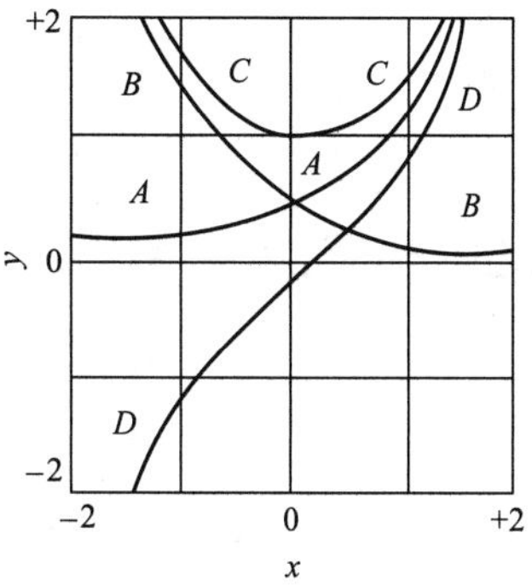

图 2-7 指数类型的曲线

A-A：$y=0.5e^x$

B-B：$y=0.5e^{-x}$

C-C：$y=0.5\ (e^x+e^{-x})$

D-D：$y=0.5\ (e^x-e^{-x})$

② 经验公式中待定系数的测定

a. 直接图解法　凡可以在普通坐标系上把数据标绘成直线或经过适当变换后在双对数坐标系或半对数坐标系上可化为直线时，均可采用直线图解法来求待定系数。

如图 2-10 中的直线 MN，其方程原来的形式为 $y=ax^b$，经过式(2-44)～式(2-48)线性化后变为 $Y=AX+B$(式中 $A=b$，$B=\lg a$)。所以，若求得直线的斜率 A 和截距 B 也即得到了待定系数 a 和 b。

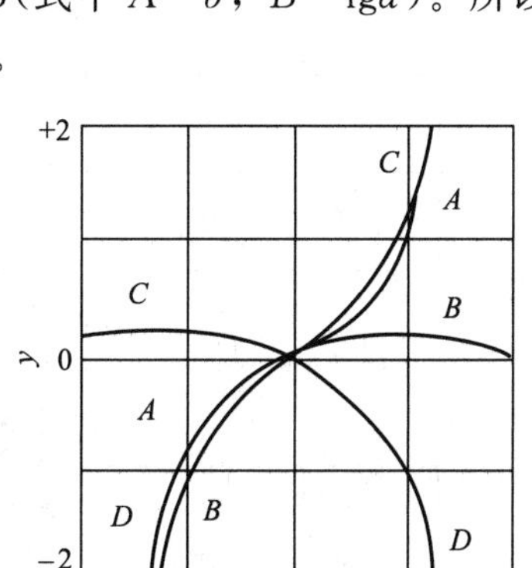

A-A: $y=0.5xe^x$

B-B: $y=0.5xe^{-x}$

C-C: $y=0.5x^2e^x$

D-D: $y=0.5x(e^{-x}-e^x)$

图 2-8 指数与简单函数相乘的曲线

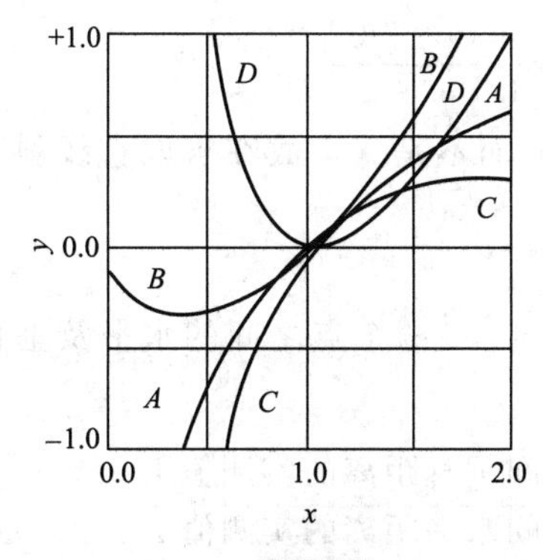

A-A: $y=\ln x$

B-B: $y=x\ln x$

C-C: $y=(1/x)\ln x$

D-D: $y=(x-1/x)\ln x$

图 2-9 对数类型的曲线

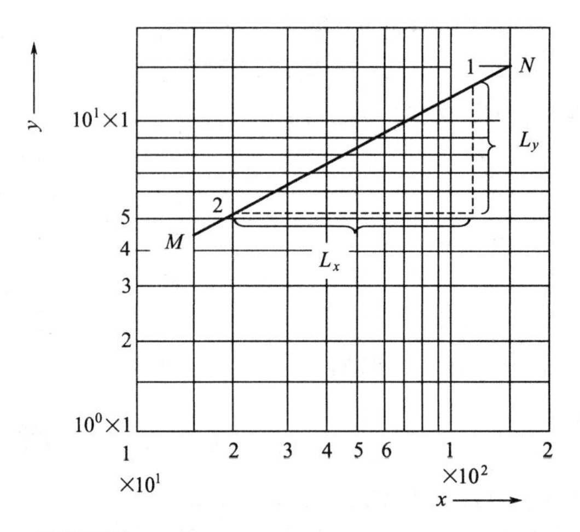

图 2-10 对数坐标上直线斜率和截距的图解法

表 2-2 函数的线性化方法

序号	公式	直线化的方法	直线化后所得的线性方程式	附注
Ⅰ	$y=ax^{bx}$	$X=\lg x$； $Y=\lg y$	$Y=\lg a+bx$	
Ⅱ	$y=ac^{bx}$	$y=\ln y$	$Y=\ln a+bx$	
Ⅲ	$y=\dfrac{1}{a+bx}$	$Y=\dfrac{1}{y}$	$Y=a+bx$	
Ⅳ	$y=\dfrac{x}{a+bx}$	$Y=\dfrac{x}{y}$	$Y=a+bx$	
Ⅴ	$y=a+bx+cx^2$	$Y=\dfrac{y-y_1}{x-x_1}$	$Y=(b+cx_1)+cx$	确定 b、c 后，再从下式求 a（n 为实验数据组数）： $\sum y=na+b\sum x+c\sum x^2$
Ⅵ	$y=\dfrac{a+bx}{c+dx}$	$Y=\dfrac{x-x_1}{y-y_1}$ 式中，x_1，x_2 是已知曲线上任意点的坐标	$Y=A+Bx$	求得 A、B 后代入下式并整理： $y=y_1+\dfrac{x-x_1}{A+Bx}$

求直线斜率 b 的两种方法：

ⅰ. 先读数后计算。即在标绘直线上读取两对 x，y 值，然后按下式计算 b 值：

$$b=\frac{\lg y_2-\lg y_1}{\lg x_2-\lg x_1} \tag{2-49}$$

应予指出，由于对数坐标的示值是 x 而不是 X。故在求取直线斜率时，务必用上式而不是 $b=\dfrac{y_2-y_1}{x_2-x_1}$

ⅱ. 先测量后计算。用直尺量出直线 1、2 两个点之间的水平及垂直距离，按下式计算 b 值：

$$b=\frac{1、2\ 两点间垂直距离的实测值\ L_y}{1、2\ 两点间水平距离的实测值\ L_x} \tag{2-50}$$

直线截距的求法：

在 $y=ax^b$ 中，当 $x=1$ 时，$y=a$，因此系数 a 之值可由直线与 y 轴平行且 $x=1$ 的直线之交点的纵坐标来确定。有时在图上找不到平行于 y 轴 $x=1$ 的直线，也可由直线上任一已知点(例如点 1)的坐标和求出的斜率 b 来计算 a 值。

$$a=y_1/x_1^b \tag{2-51}$$

b. 最小二乘法　最小二乘法是求经验公式中待定系数最精确的方法。最小二乘法所根据的原理是：当所求的曲线的待定系数为最佳值时，曲线最靠近实验点，也就是各个因变量的残差 v(v=测量值 y_i－函数值 y_i')的平方和为最小值。以残差平方总和的公式，对 m 个待定系数分别施行偏微分，并各令其为零，因而得到 m 元一次方程组。解此方程组，则得 m 个待定系数的值。现以直线式 $y=ax+b$ 来详细描述。

函数形式：

$$y=ax+b \tag{2-52}$$

残差的平方和

$$Q=\sum_{i=1}^{n}v_i^2=\sum_{i=1}^{n}[y_i-(ax_i+b)]^2 \tag{2-53}$$

式(2-53)分别对 a 和 b 求偏导数，并使之为零

$$\frac{\partial Q}{\partial a}=-2\sum_{i=1}^{n}(x_iy_i-ax_i^2-bx_i)=0 \tag{2-54}$$

$$\frac{\partial Q}{\partial b}=-2\sum_{i=1}^{n}(y_i-ax_i-b)=0 \tag{2-55}$$

化简整理得

$$a\sum_{i=1}^{n}x_i+nb=\sum_{i=1}^{n}y_i \tag{2-56}$$

$$a\sum_{i=1}^{n}x_i^2+b\sum_{i=1}^{n}x_i=\sum_{i=1}^{n}x_iy_i \tag{2-57}$$

解方程组得

$$a=\frac{\sum_{i=1}^{n}x_i\sum_{i=1}^{n}y_i-n\sum_{i=1}^{n}x_iy_i}{(\sum_{i=1}^{n}x_i)^2-n\sum_{i=1}^{n}x_i^2} \tag{2-58}$$

$$b=\frac{\sum_{i=1}^{n}y_i-a\sum_{i=1}^{n}x_i}{n} \tag{2-59}$$

对于诸如 $y=a_0+a_1x_1+a_2x_2+\cdots+a_mx_m$ 的多变量方程式，或者 $y=a_0+a_1x+a_2x^2+\cdots+a_mx^m$ 多项式中，待定系数 a_0，a_1，…，a_m 同样可用最小二乘法求解。

【例 2-2】以小型板框压滤机对碳酸钙颗粒在水中的悬浮液进行恒压过滤实验，过滤压强差 $\Delta p=0.10\text{MPa}$，过滤面积 a 为 0.048m^2，测得过滤时间与滤液体积数据列于表 2-3 中。

表 2-3　过滤时间与滤液体积数据

过滤时间 θ/s	0	43.20	93.42	144.41	200.20	258.61	323.54	390.51
滤液体积 $V/10^{-3}\text{m}^3$	0	0.79	1.65	2.47	3.29	4.11	4.95	5.79

试用最小二乘法求过滤常数 k 及 q_e。

解：恒压过滤方程
$$\frac{d\theta}{dq}=\frac{2}{k}q+\frac{2}{q}q_e \tag{2-60}$$

以 $\frac{\Delta\theta}{\Delta q}$ 代替 $\frac{d\theta}{dq}$，则式(2-60)成为
$$\frac{\Delta\theta}{\Delta q}=\frac{2}{k}q+\frac{2}{k}q_e \tag{2-61}$$

此式表明 $\frac{\Delta\theta}{\Delta q}$ 与 q 成直线关系，其斜率为 $\frac{2}{k}$，截距为 $\frac{2}{k}q_e$

令
$$y=\frac{\Delta\theta}{\Delta q} \tag{2-62}$$
$$x=q \tag{2-63}$$
$$a=\frac{2}{k} \tag{2-64}$$
$$b=\frac{2}{k}q_e \tag{2-65}$$

则方程式(2-61)变为 $y=ax+b$。将实验原始数据整理为 y 与 x 的对应关系，数据列于表 2-4 中。

表 2-4　数据变换

$\Delta\theta$	43.20	50.22	50.99	55.79	58.41	64.93	66.97
Δq	0.016	0.018	0.017	0.017	0.017	0.018	0.018
$x(q=\frac{V}{a})/(m^3/m^2)$	0.016	0.034	0.051	0.068	0.085	0.103	0.121
$y\left(\frac{\Delta\theta}{\Delta q}\right)\times10^{-3}/(s/m)$	2.70	2.79	3.00	3.28	3.44	3.61	3.72
$x^2/\times10^{-3}$	0.26	1.16	2.60	4.62	7.23	10.61	14.64
xy	43.2	94.86	153.00	223.04	292.40	371.83	450.12

$$\sum_{i=1}^{n}x_i=0.016+0.034+0.051+0.068+0.085+0.103+0.121=0.478$$
$$\sum_{i=1}^{n}y_i=(2.70+2.79+3.00+3.28+3.44+3.61+3.72)\times10^3=2.254\times10^4$$
$$\sum_{i=1}^{n}x_i^2=(0.26+1.16+2.60+4.62+7.23+10.61+14.64)\times10^{-3}=0.0411$$
$$\sum_{i=1}^{n}x_iy_i=43.2+94.86+153.00+223.04+292.40+371.83+450.12=1.63\times10^3$$

依据最小二乘法得
$$a=\frac{\sum_{i=1}^{n}x_i\sum_{i=1}^{n}y_i-n\sum_{i=1}^{n}x_iy_i}{(\sum_{i=1}^{n}x_i)^2-n\sum_{i=1}^{n}x_i^2}=\frac{0.478\times2.254\times10^4-7\times1.63\times10^3}{(0.478)^2-7\times0.0411}=1.073\times10^4$$
$$b=\frac{\sum_{i=1}^{n}y_i-a\sum_{i=1}^{n}x_i}{n}=\frac{2.254\times10^4-1.073\times10^4\times0.478}{7}=2.49\times10^3$$

因为 $\frac{2}{k}=a$　　所以 $k=\frac{2}{a}=1.86\times10^{-4}(m^2/s)$

$$因为\frac{2}{k}q_e=b \quad 所以 q_e=0.232(m^3/m^2)$$

③ 经验公式的精度　经验公式的精度高低取决于实验点的个数 n 和实验点围绕最佳实验曲线的分散程度(y_i-y_i')。为了定量地概括这两个方面的效果，可用经验公式的标准误差来表示：

$$\sigma_y=\sqrt{\frac{\sum_{i=1}^{n}(y_i-y_i')^2}{n-m}} \tag{2-66}$$

式中　y_i——第 i 点实验数据；

y_i'——第 i 点经验公式值；

n——实验点个数；

m——待定系数个数。

σ_y 越小，表示公式的精度越高，反之，精度越差。

【例 2-3】试计算【例 2-2】拟合的经验公式的标准误差。

解：由最小二乘法拟合得到的经验公式为 $y=1.073\times10^4x+2.49\times10^3$　(2-67)

将实验值与经验公式计算值列于表 2-5 中。

表 2-5　实验值与经验值

x	0.016	0.034	0.051	0.068	0.085	0.103	0.121
$y_{实验值}\times10^3$	2.70	2.79	3.00	3.28	3.44	3.61	3.72
$y_{实验值}\times10^3$	2.66	2.85	3.04	3.21	3.40	3.59	3.79
$(y-y')\times10^3$	0.04	−0.06	−0.04	0.07	−0.04	0.02	−0.07

$$所以\ \sigma_y=\sqrt{\frac{\sum_{i=1}^{n}(y_i-y_i')^2}{n-m}}$$

$$=\sqrt{\frac{(0.04)^2+(-0.06)^2+(-0.04)^2+(0.07)^2+(0.04)^2+(0.02)^2+(0.07)^2}{7-2}}\times10^3$$

$$=0.059\times10^3$$

由此可见 σ_y 较小，说明拟合公式的精度较高。

由于实验数据的变量之间关系具有不确定性，一个变量的每一个值对应的是整个集合的值。当 x 改变时，y 的分布也以一定的方式改变。在多种情况下，变量 x 和变量 y 之间的关系就称为相关关系。两变量间的线性相关的程度以线性相关系数来度量。

线性相关系数的定义：

$$R=\frac{\sum_{i=1}^{n}(x_i-\overline{x})(y_i-\overline{y})}{\sqrt{\sum_{i=1}^{n}(x_i-\overline{x})^2\sum_{i=1}^{n}(y_i-\overline{y})^2}} \tag{2-68}$$

式中　$\overline{x}=\sum_{i=1}^{n}x_i/n$

$$\bar{y}=\sum_{i=1}^{n}y_i/n$$

【例 2-4】试计算【例 2-2】实验数据线性处理后的相关系数。

解：因为 $\bar{x}=\sum_{i=1}^{n}x_i/7=(0.016+0.034+0.051+0.068+0.085+0.103+0.121)/7=0.068$

$$\bar{y}=\sum_{i=1}^{n}y_i/7=(2.70+2.79+3.00+3.28+3.44+3.61+3.72)\times10^3/7=3.22\times10^3$$

将 $(x_i-\bar{x})$，$(y_i-\bar{y})$，$(x-\bar{x})^2$ 和 $(y-\bar{y})$ 值列于表 2-6 中。

表 2-6　$(x_i-\bar{x})$，$(y_i-\bar{y})$，$(x-\bar{x})^2$ 和 $(y-\bar{y})$ 数据

$x-\bar{x}$	−0.052	−0.034	−0.017	0	0.017	0.035	0.053
$(y-\bar{y})\times10^{-3}$	−0.52	−0.43	−0.22	0.06	0.22	0.39	0.50
$(x-\bar{x})^2$	0.0027	0.0012	0.00029	0	0.00029	0.0012	0.0028
$(y-\bar{y})^2\times10^{-6}$	0.2704	0.1849	0.0484	0.0036	0.0484	0.1521	0.25

所以

$$R=\frac{89.29}{\sqrt{0.008472\times9.578\times10^5}}=0.991$$

由此可知，该套实验数据处理后相关系数为 0.991，接近 1。说明 y 与 x 为线性相关。由此可见，上述方法解得的待定系数是适宜的

第三部分 演示实验

演示实验一　流体压强及压差测量实验

一、实验目的

1. 掌握绝对压强、表压强和真空度之间的区别与联系；
2. 掌握流体柱高度、压头与压强之间的区别与联系；
3. 掌握流体压强的几种测量方法。

二、实验装置及流程

本装置主要由平衡杯、缓冲罐、弹簧压力表和U形压差计等组成。其流程如图3-1-1所示。

主体设备为一有机玻璃制造的缓冲罐，平衡杯与缓冲罐底部相连，并利用平衡杯的位置高低来调节缓冲罐内的液位，使液面上方产生不同的压强。

缓冲罐顶部装有一个放空阀和两个测压口，试验前，先打开放空阀，水由平衡杯中加入，加水量以使平衡杯与器内液面平齐，液面达缓冲罐高度的1/2处为宜。一个测压口直接连接一联程弹簧压力表。另一个测压口连接U形压差计，压差计中装有水指示剂。

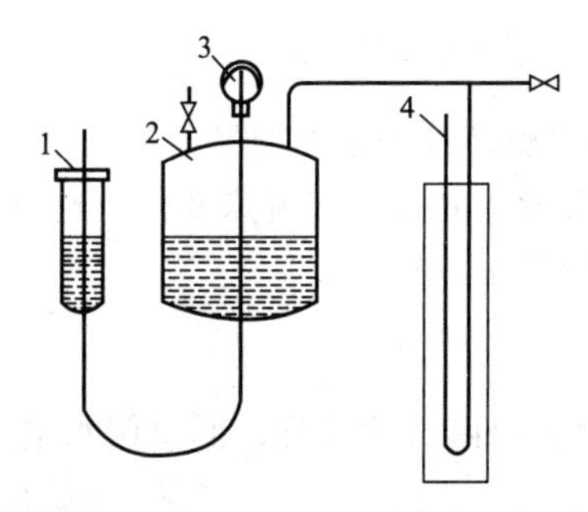

图3-1-1　流体压强及压差测量演示实验装置

1—平衡杯；2—缓冲罐；3—弹簧压力表；4—U形压差计

三、演示操作

1. 将器顶放空阀打开，并将平衡杯置于缓冲罐相同高度，使杯内液面与罐内液面平齐，观察弹簧压力表和U形压差计的读数。可观察到：弹簧压力表和U形压差计显示的读数为零。

2. 将罐顶放空阀关闭，使罐内成为密闭体系，然后将平衡杯缓慢举起，并置于最高位置上，观察弹簧压力表和U形压差计的读数。可观察到：随着平衡杯的位置提高，液面上方压强不断提高，弹簧压力表显示一定的压强值，同时，U形压差计中液柱向左侧(连接大气一侧)上升一定的高度。

3. 将平衡杯放回到起始位置上，再观察弹簧压力表和U形压差计上读数。可观察到：随着平衡杯位置的降低，罐内液面也随之降低，液面上方空气膨胀而压强降低，平衡杯恢复到起始位置时，弹簧压力表和U形压差计又显示为零，说明罐内压强与大气压强相同。

4. 将平衡杯缓慢放下，并置于最低位置上，观察弹簧压力表与U形压差计的读数。可观察到：弹簧压力计显示出负的读数，同时，U形压差计中液柱向右侧(连通测压口一侧)上升一定高度。这说明反应器内的操作压强低于大气压强。压力表显示的读数即为器内压强低于大气压强的数值。

演示实验二　流体机械能分布及转换实验

一、实验目的

1. 加深对能量转换概念的理解；

2. 观察流体流经收缩、扩大管段时，各截面上静压变化。

二、实验原理

不可压缩的流体在导管中作稳定流动时，由于导管截面的改变致使各截面上的流速不同，而引起相应的静压头变化，其关系可由流动过程中能量衡算方程来描述，即

$$gZ_1+\frac{u_1^2}{2}+\frac{p_1}{\rho}=gZ_2+\frac{u_2^2}{2}+\frac{p_2}{\rho}+\sum h_{f12}$$

式中　gZ——每千克流体具有的位能，J/kg；

$\frac{u^2}{2}$——每千克流体具有的动能，J/kg；

$\frac{p}{\rho}$——每千克流体具有的压强能，J/kg；

$\sum h_{f12}$——表示每千克流体在流动过程中的能量损失，J/kg。

因此，由于导管截面和位置发生变化引起流速变化，致使部分静压头转化成动压头，它的变化可由各玻璃槽中水柱高度指示出来。

三、实验装置及流程

实验装置如图3-2-1所示。主要由试验导管、低位储水槽、循环水泵、高位溢流水槽和测压管等几部分组成。

试验导管为一变径有机玻璃管，沿程分三处设置测量静压头和动压头装置。

实验前，先将水充满低位储水槽，然后关闭试验导管出口调节阀和启动循环水泵，将水灌满高位溢流水槽，并保持槽内液面恒定。

实验时，开启调节阀，排尽系统中的气泡，然后仔细调节流量控制阀，保证流动体系在整个试验过程中维持稳定流动。

四、演示操作

1. 非流动体系(流体静止时)的机械能分布及其转换

演示时，将泵的出口阀和试验导管的出口调节阀全部关闭，系统内的液体处于静止状态。此时，可观察到：试验导管上的所有的测压管中的水柱高度都是相同的，且其液面与溢

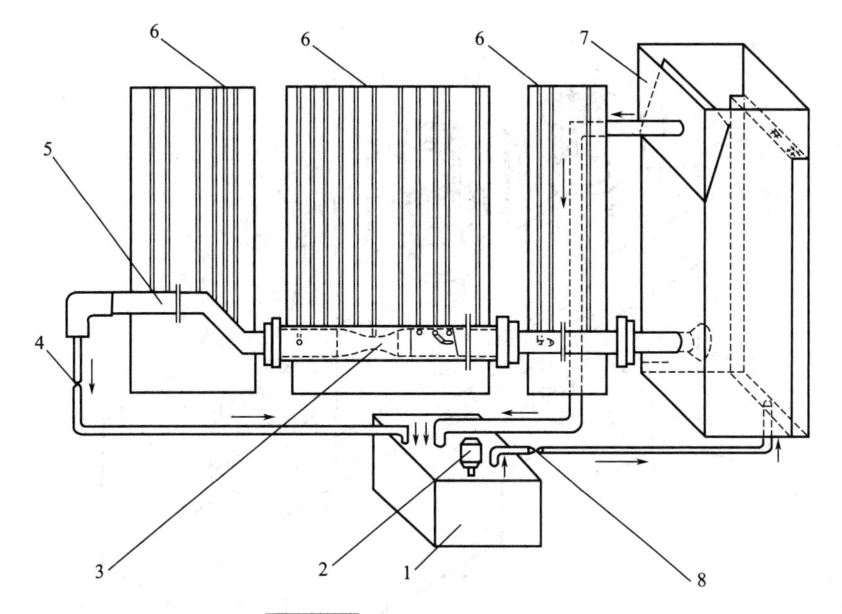

图 3-2-1 伯努利方程实验流程

1—低位储水槽；2—循环水泵；3—文丘里管；4—出口调节阀；
5—试验导管；6—测压管；7—高位溢流水槽；8—流量控制阀

流槽内液面平齐。

2. 流动体系的机械能分布及其转换

缓慢地开启试验导管的出口调节阀，使导管内水开始流动，各测压管中的水柱高度将随之开始发生变化。可观察到：各截面上各对测压管的水柱高度差随着流量增大而增大。这说明，当流量加大时，流体流过导管各截面上的流速也随之加大。这就需要更多的静压头转化为动压头，表现为每对测压管的水柱高度差加大。同时，各对测压管的右侧管中水柱高度则随流体流量增大而下降，这说明流体在流动过程中能量损失与流体流速成正比。流速越大，液体在流动过程中能量损失亦越大。

演示实验三　塔模型实验

一、实验目的

观察筛板塔、泡罩塔和浮阀塔的塔板操作情况。

二、实验装置及流程

实验装置及流程如图 3-3-1 所示。主要由低位水箱、水泵、风机、筛板塔、泡罩塔和浮阀塔组成。

三、演示操作

演示时，采用固定的水流量(不同塔板结构流量有所不同)，改变不同的气速，演示各种气速时的运行情况。

1. 全开气阀

这种情况气速达到最大值，此时可看到泡沫层很高，并有大量液滴从泡沫层上方往上

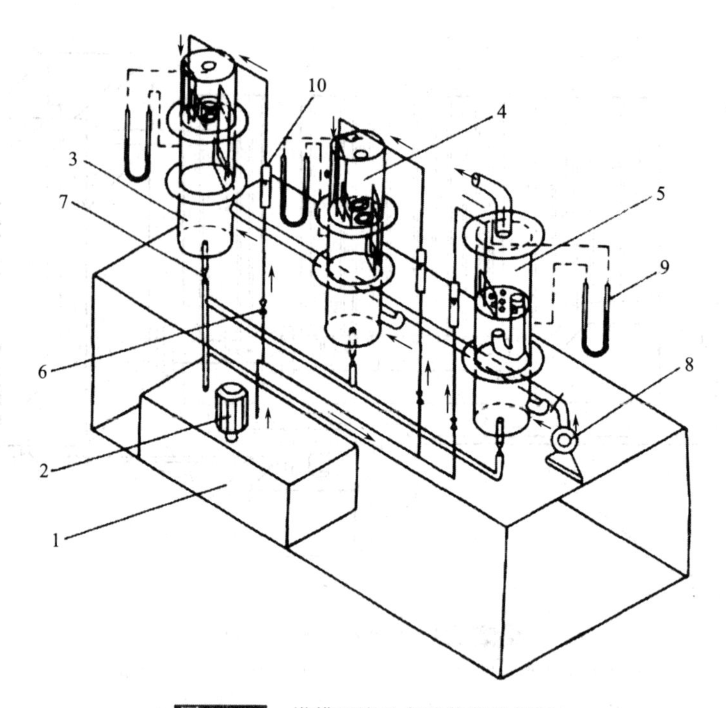

图 3-3-1 塔模型演示实验装置及流程

1—低位水箱；2—水泵；3—泡罩塔；4—浮阀塔；

5—筛板塔；6—进水控制阀；7—液封阀；8—风机；9—U 形压差计；10—转子流量计

冲，这就是雾沫夹带现象。这种现象表示实际气速大大超过设计气速。

2. 逐渐关小气阀

这时飞溅的液滴明显减少，泡沫层高度适中，气泡很均匀，表示实际气速符合设计值，这是各类型塔正常运行状态。

3. 再进一步关小气阀

当气速大大小于设计气速时，泡沫层明显减少，因为鼓泡少，气、液两相接触面积大大减少，显然，这是各类型塔不正常运行状态。

4. 再慢慢关小气阀

可以看见板面上既不鼓泡、液体也不下漏的现象。若再关小气阀，则可看见液体从塔板上漏出，这就是塔板的漏液点。

演示实验四　流体绕流实验

一、实验目的

观察流体流过不同绕流体的流动现象。

二、实验装置及流程

实验装置及流程如图 3-4-1 所示。主要由低位水箱、水泵、气泡整流部分、演示部分、溢流水箱组成。

三、演示操作

演示时，启动水泵，利用文丘里处的旋塞调节好气泡大小(注意：每套气泡大小要尽可

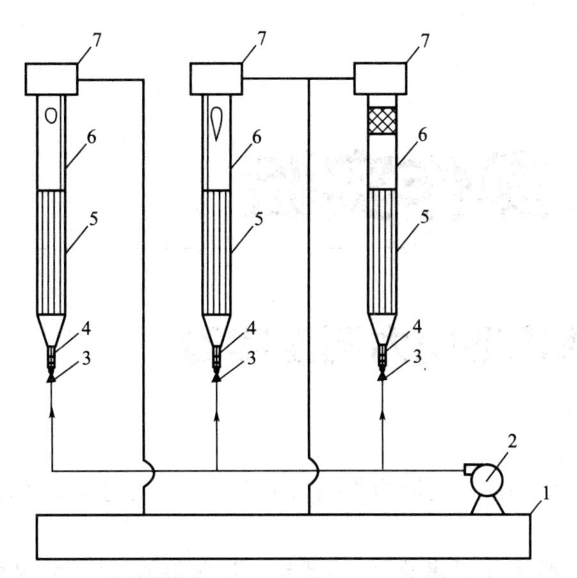

图 3-4-1 绕流演示实验装置及流程

1—低位水箱；2—水泵；3—进水调节阀；4—文丘里及气泡调节阀；5—气泡整流部分；6—演示部分；7—溢流水箱

能一致）。模拟流体流经球、流线形物体和列管换热器管子排列方式的流动情况。观察流体流经绕流体时所产生的边界层分离现象，气泡、旋涡的大小反映了流体流经不同绕流体时的流动损失的大小。利用该装置可以获得十分满意的教学效果。

第四部分 操作实验

实验一 流体流动阻力测定实验

一、实验目的

1. 掌握流体流经直管和阀门时阻力损失的测定方法，通过实验了解流体流动中能量损失的变化规律；

2. 测定直管摩擦系数 λ 与雷诺数 Re 的关系，将所得的 λ-Re 方程与经验公式比较；

3. 测定流体流经阀门时的局部阻力系数 ζ；

4. 学会倒 U 形差压计、1151 差压传感器、Pt100 温度传感器和转子流量计的使用方法；

5. 观察组成管路的各种管件、阀门，并了解其作用；

6*. 学习孔板流量计的校核；

7. 掌握化工原理实验软件库（VB 实验数据处理软件系统）的使用。

* 者为选做内容。

二、实验原理

流体在管内流动时，由于黏性剪应力和涡流的存在，不可避免地要消耗一定的机械能，这种机械能的消耗 $\sum h_f$ 包括流体流经直管的沿程阻力 h_f 和因流体运动方向改变所引起的局部阻力 h_f'。

1. 沿程阻力 h_f

流体在水平等径圆管中稳定流动时，阻力损失表现为压力降低。即

$$h_f = \frac{p_1 - p_2}{\rho} = \frac{\Delta p}{\rho} \tag{4-1-1}$$

湍流流体的流动阻力，目前尚不能完全用理论方法求解，必须通过实验研究其规律。为了减少实验工作量，使实验结果具有普遍意义，必须采用量纲分析方法将各变量组合成特征数关联式。根据量纲分析，影响阻力损失的因素有：

① 流体性质：密度 ρ、黏度 μ。

② 管路的几何尺寸：管径 d、管长 l、管壁粗糙度 ε。

③ 流动条件：流速 μ。

可表示为：

$$\Delta p = f(d, l, \mu, \rho, u, \varepsilon) \tag{4-1-2}$$

组合成如下的无量纲式：

$$\frac{\Delta p}{\rho u^2} = \varphi\left(\frac{du\rho}{\mu}, \frac{\varepsilon}{d}, \frac{l}{d}\right) \tag{4-1-3}$$

$$\frac{\Delta p}{\rho}=\varphi(\frac{du\rho}{\mu},\frac{\varepsilon}{d})\frac{l}{d}\times\frac{u^2}{2}$$

令

$$\lambda=\varphi(\frac{du\rho}{\mu},\frac{\varepsilon}{d}) \tag{4-1-4}$$

则式(4-1-1)变为：

$$h_f=\frac{\Delta p}{\rho}=\lambda\frac{l}{d}\times\frac{u^2}{2} \tag{4-1-5}$$

式中，λ 称为摩擦系数。层流(滞流)时，$\lambda=64/Re$；湍流时 λ 是雷诺数 Re 和相对粗糙度的函数，须由实验确定。

2. 局部阻力 h_f'

局部阻力通常有两种表示方法，即当量长度法和阻力系数法。

(1) 当量长度法　流体流过某管件或阀门时，因局部阻力造成的损失，相当于流体流过与其具有相当管径长度的直管阻力损失，这个直管长度称为当量长度，用符号 l_e 表示。这样，就可以用直管阻力的公式来计算局部阻力损失，而且在管路计算时，可将管路中的直管长度与管件、阀门的当量长度合并在一起计算，如管路中直管长度为 l，各种局部阻力的当量长度之和为 $\sum l_e$，则流体在管路中流动时的总阻力损失 h_f' 为

$$h_f'=\lambda\frac{\sum l_e}{d}\times\frac{u^2}{2} \tag{4-1-6}$$

(2) 阻力系数法　流体通过某一管件或阀门时的阻力损失用流体在管路中的动能系数来表示，这种计算局部阻力的方法，称为阻力系数法。

即

$$h_f'=\sum\zeta\frac{u^2}{2} \tag{4-1-7}$$

式中　ζ——局部阻力系数，无量纲；

u——在小截面管中流体的平均流速，m/s。

由于管件两侧距测压孔间的直管长度很短，引起的摩擦阻力与局部阻力相比，可以忽略不计。因此 h_f' 值可应用伯努利方程由压差计读数求取。

三、实验装置及流程

1. 实验装置

实验装置如图 4-1-1 所示主要由水箱、水泵，不同管径、材质的管子，各种阀门和管件、转子流量计等组成。

2. 实验流程

如图 4-1-1 所示，自上而下第一根为不锈钢光滑管，第二根为镀锌铁管，分别用于光滑管和粗糙管湍流流体流动阻力的测定。第三根为不锈钢管，装有待测闸阀，用于局部阻力的测定。第四根为不锈钢细管，用于层流的直管阻力的测定。

本实验的介质为水。

水流量分别采用装在测试装置中的涡轮流量计和转子流量计测量，直管段和闸阀的阻力分别用各自的倒 U 形差压计或 1151 差压传感器的数显表测得。

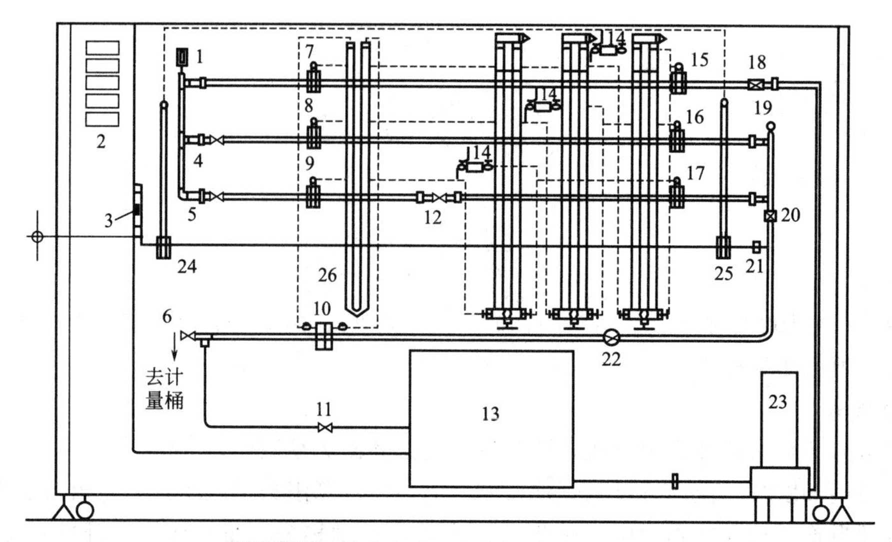

图 4-1-1　流体流动阻力测定实验装置及流程

1—热电阻；2—仪表箱；3—转子流量计；4～6—球阀；
7～9—均压环；10—孔板流量计；11，12—闸阀；13—水箱；14—差压传感器；
15～17—均压环；18—球阀；19—温度传感器；20，21—截止阀；
22—涡轮流量计；23—水泵；24，25—测压管；26—U形压差计

3. 装置结构尺寸(见表 4-1-1)

表 4-1-1　装置结构尺寸

名称	材质	管内径/mm				测试段长度/m
		装置号				
		(1)	(2)	(3)	(4)	
光滑管	不锈钢管	25.98	25.98	25.98	25.98	1.5
粗糙管	镀锌铁管	27.5	27.5	27.5	27.5	
局部阻力	不锈钢管	25.98	25.98	25.98	25.98	—
层流管	不锈钢管	8	8	8	8	1.8

四、安全操作规程

1. 参加实验前要先预习，掌握实验原理和实验步骤及注意事项。

2. 实验过程中要听从指导老师的安排，遵守操作规程，严禁用湿手触摸电器开关。

3. 实验时要先排清管路中的空气，再关闭管路中的阀门在零流量下对倒 U 形管压差计充指示剂，注意充指示剂过程中不要将玻璃管中水全部放尽，以防再次混入空气。

4. 缓慢打开管路阀门，注意速度太快可能会使玻璃管充满水，又要重新对倒 U 形管压差计充指示剂。

5. 流量调节时要用截止阀，不能用球阀，因为球阀瞬间开关容易产生气泡，增大误差。

6. 实验过程中调节流量时要注意压差不能超过倒 U 形管压差计的最大刻度，读数时不能用手推压玻璃管，以防破裂伤人和使玻璃管漏气。

7. 实验结束时要先关闭截止阀，将流量调为零，再关闭球阀，停泵和电源。

8. 关闭门窗，打扫好卫生，并得到指导老师许可方可离开。

五、实验步骤及注意事项

（一）实验步骤

1.熟悉实验装置系统，在水箱内加适量的水。

2.打开水泵电源。

3.打开阀 18、4、5、12、20、11 排尽管道中的空气，之后关阀 20、11。

4.在管道内水静止(零流量)时，将三个倒 U 形差压计(图 4-1-2)调节到测量压差正常状态，操作步骤如下。

① 排出系统和导压管内的气泡。方法为：关闭进气阀门 3 和出水活栓 5 以及平衡阀门 4，打开高压侧阀门 2 和低压测阀门 1，使高位水槽的水经过系统管路、导压管、高压侧阀门 2、倒 U 形管、低压侧阀门 1 排出系统。

② 玻璃管吸入空气。方法为：排空气泡后关闭阀门 1 和阀门 2，打开平衡阀门 4、出水活栓 5 和进气阀门 3，使玻璃管内的水排净并吸入空气。

③ 平衡水位。方法为：关闭阀门 4、5、3，然后打开 1 和 2 两个阀门，让水进入玻璃管至平衡水位(此时系统中的出水阀门是关闭的，管路中的水在静止时 U 形管中水位是平衡的)，最后关闭平衡阀门 4，差压计即处于待用状态。

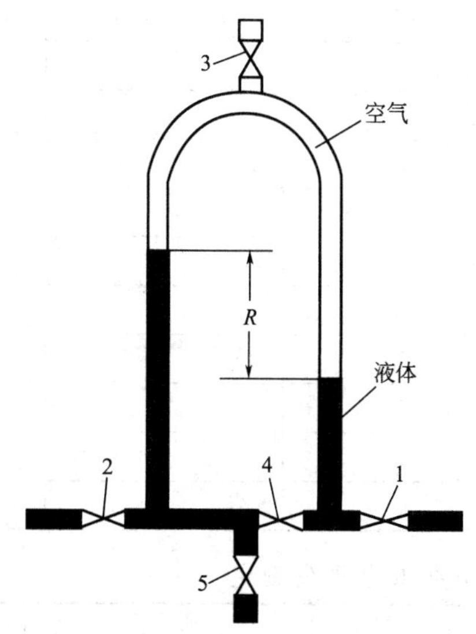

图 4-1-2 倒 U 形压差计示意图

1—低压侧阀门；2—高压侧阀门；3—进气阀门；4—平衡阀门；5—出水活栓

5.排尽 1151 差压传感器的测压导管内的气泡，然后关闭连接差压传染器的阀门。打开 1151 差压传感器数据测量仪电源，记录零点数值(或校零，校零由指导教师完成)。

6.关闭阀 5，缓慢打开阀 4、11 并调节截止阀 20 在保证倒 U 形压差计两臂高度差在可测量范围内使涡轮流量计的流量示值最大，在涡轮流量计的流量最大与最小之间平均取 8～10 个点，分别测得每个流量下对应的光滑管和粗糙管的倒 U 形压差计两臂高度，分别记下倒 U 形压差计和 1151 差压传感器测量仪表的读数。

注意：调节好流量后，须等一段时间，待水流稳定后才能读数。

7.关闭阀 4，打开阀 5，全开阀 12，测得闸阀全开时的局部阻力(调节阀 20 使流量设定为 $2m^3/h$，$3m^3/h$，$4m^3/h$，测三个点对应的倒 U 形压差计两臂高度，以求得平均的阻力系数)。

8*.微微打开阀 21，调节转子流量计 3，读出测压管 24、25 读数，以测得层流摩擦系数与雷诺数的规律，测完关闭阀 21。

9*.同时打开孔板流量计的 2 个阀门，关闭阀 11，打开阀 6，让水流入计量桶，保持孔板流量计读数恒定，记录 U 形压差计 26 的读数，待水到桶 2/3 处，关闭阀 6，同时记下所用时间；改变不同流量重复上述实验。

10.实验结束后打开系统排水阀 11，打开水箱底部排水阀，以防锈和冬天防冻。

*者为选做内容。

（二）注意事项

开启、关闭管道上的各阀门及倒 U 形压差计上的阀门时，一定要缓慢开关，切忌用力过猛过大，防止测量仪表因突然受压、减压而受损(如玻璃管断裂，阀门滑丝等)，读数时切勿手压玻璃管，以防断裂、漏气。

六、实验数据记录

1. 直管阻力损失测定

装置号__________管长 L __________层流管__________开始水温__________结束水温__________

实验序号	流量/(m^3/h)	光滑管高度差/cmH_2O	粗糙管高度差/cmH_2O
1			
2			
3			
4			
5			
6			
7			
8			
9			
10			

2. 局部阻力损失测定

实验序号	流量/(m^3/h)	局部阻力测压管高度差/cmH_2O
1	2	
2	3	
3	4	

3*. 层流阻力损失测定

实验序号	流量/(L/h)	测压管高度差/cmH_2O
1		
2		
3		

4*. 孔板流量计系数测定

实验序号	孔板流量计读数/(m^3/h)	测压管高度差/cmH_2O	时间/s
1			
2			
3			
4			
5			
6			
7			
8			
9			
10			

七、实验数据处理

1. 直管阻力损失计算

求出开始水温 t_1 和结束水温 t_2 的平均值 t：$t=\frac{t_1+t_2}{2}$

以平均温度 t 为定性温度，查教材附录得到水的密度 $\rho=$______和黏度 $\mu=$______。

以第一组数据为例：

流量 $q_{V,s}$，分别求出光滑管和粗糙管中的流速

$$u_{光滑}=\frac{4q_{V,s}}{\pi d_{光滑}^2}=\frac{4q_{V,h}}{3600\pi d_{光滑}^2}$$

$$u_{粗糙}=\frac{4q_{V,s}}{\pi d_{粗糙}^2}=\frac{4q_{V,h}}{3600\pi d_{粗糙}^2}$$

根据光滑管和粗糙管对于倒 U 形压差计两臂高度差分别求得

$$\lambda_{光滑}=\frac{2gR_{光滑}d_{光滑}}{lu_{光滑}^2}$$

$$\lambda_{粗糙}=\frac{2gR_{粗糙}d_{粗糙}}{lu_{粗糙}^2}$$

再分别求出

$$Re_{光滑}=\frac{d_{光滑}u_{光滑}\rho}{\mu}$$

$$Re_{粗糙}=\frac{d_{粗糙}u_{粗糙}\rho}{\mu}$$

同理求出其他流量所对应的数据，并列表：

实验序号	流量/(m^3/h)	$Re_{光滑}$	$\lambda_{光滑}$	$Re_{粗糙}$	$\lambda_{粗糙}$
1					
2					
3					
4					
5					
6					
7					
8					
9					
10					

2. 局部阻力损失计算

以第一组数据为例：

$$u_1=\frac{4q_{V,s1}}{\pi d_{局部}^2}=\frac{4q_{V,h1}}{3600\pi d_{局部}^2}$$

$$\zeta_1=\frac{2gR_1}{u_1^2}$$

同理求得其他两组数据所对应的局部阻力系数 ζ_2，ζ_3

$$\bar{\zeta}=\frac{\zeta_1+\zeta_2+\zeta_3}{3}$$

闸阀(全开)阻力系数 $\bar{\zeta}=$

3[*]. 层流阻力损失计算

以第一组数据为例：

流量 $q_{V,s}$ 求出层流管中的流速

$$u=\frac{4q_{V,s}}{\pi\times(8\times10^{-3})^2}$$

根据与层流管对应的倒 U 形压差计两臂高度差求得

$$\lambda=\frac{2gR}{lu^2}\times8\times10^{-3}$$

再求出

$$Re=\frac{(8\times10^{-3})\times u\rho}{\mu}$$

将求出的 λ 与 $64/Re$ 进行比较。

同理求出其他两组流量时的 λ 和 Re，并将 λ 与 $64/Re$ 进行比较，并列表：

实验序号	λ	Re	$64/Re$
1			
2			
3			

4[*]. 孔板流量计系数校验

以第一组数据为例：

孔板流量计读数为 $q_{V,s}$，管中的实际流量为

$$q'_{V,s}=\frac{Sh}{t}=\frac{abh}{t}\ (\mathrm{m^3/s})$$

则孔板流量计系数为

$$C_O=\frac{q_{V,s}}{q'_{V,s}}$$

再求出

$$Re=\frac{d_O u_O\rho}{\mu}$$

列表如下：

实验序号	孔板流量计读数/($\mathrm{m^3/s}$)	计算流量/($\mathrm{m^3/s}$)	Re	C_O
1				
2				
3				
4				
5				

续表

实验序号	孔板流量计读数/(m^3/s)	计算流量/(m^3/s)	Re	C_O
6				
7				
8				
9				
10				

八、实验结果

1. 根据粗糙管实验结果，在双对数坐标纸上标绘出 λ-Re 曲线，对照《化工原理》教材上有关公式，即可确定该管的相对粗糙度和绝对粗糙度。

2. 根据光滑管实验结果，在双对数坐标纸上标绘出 λ-Re 曲线，并对照柏拉修斯方程，计算其误差。

3. 根据层流管的实验结果，在双对数坐标纸上标绘出 λ-Re 曲线，并对照 $\lambda=64/Re$ 公式，计算其误差。

4. 根据局部阻力实验结果，求出闸阀全开时的平均 ζ 值。

5. 根据孔板流量计校核的数据，求孔板流量计的孔流系数。

6. 对实验结果进行分析讨论。

九、思考题

1. 在对装置做排气工作时，是否一定要关闭流程尾部的流量调节阀 6？为什么？

2. 如何检验测试系统内的空气是否已经被排除干净？

3. 以水做介质所测得的 λ-Re 关系能否适用于其他流体？如何应用？

4. 在不同设备上(包括不同管径)、不同水温下测定的 λ-Re 数据能否关联在同一条曲线上？

5. 如果测压口、孔边缘有毛刺或安装不垂直，对静压的测量有何影响？

实验二　离心泵性能特性曲线测定实验

一、实验目的

1. 了解离心泵结构与特性，学会离心泵的操作；

2. 测定恒定转速条件下离心泵的有效扬程(H)、轴功率(N)以及总效率(η)与有效流量($q_{V,s}$)之间的曲线关系；

3*. 测定改变转速条件下离心泵的有效扬程(H)、轴功率(N)以及总效率(η)与有效流量($q_{V,s}$)之间的曲线关系；

4. 掌握离心泵流量调节的方法(阀门、转速和泵组合方式)和涡轮流量传感器及智能流量积算仪的工作原理和使用方法；

5*. 掌握离心泵的串联和并联操作；

6. 学会轴功率的两种测量方法——马达天平法和功率传感器测定法；

7. 了解压力传感器和变频器的工作原理和使用方法；

8. 学会化工原理实验软件库(组态软件 MCGS 和 VB 实验数据处理软件系统)的使用。

* 者为综合实训内容。

二、实验原理

离心泵的特性曲线是选择和使用离心泵的重要依据之一，其特性曲线是在恒定转速下扬程 H、轴功率 N 及效率 η 与流量 $q_{V,s}$ 之间的关系曲线，它是流体在泵内流动规律的外部表现形式。由于泵内部流动情况复杂，不能用数学方法计算这一特性曲线，只能依靠实验测定。

1. 流量 $q_{V,h}$ 的测定与计算

采用涡轮流量计测量流量，智能流量积算仪显示流量值 $q_{V,h}$(m^3/h)。

2. 扬程 H 的测定与计算

在泵进、出口取截面列伯努利方程：

$$H=\frac{p_2-p_1}{\rho g}+Z_2-Z_1+\frac{u_2^2-u_1^2}{2g} \tag{4-2-1}$$

式中 p_1、p_2 分别为泵进、出口的压强，N/m^2；ρ 为液体密度，kg/m^3；u_1、u_2 为分别为泵进、出口的流量，m/s；g 为重力加速度，m/s^2。

当泵进、出口管径一样，且压力表和真空表安装在同一高度，式(4-2-1)简化为：

$$H=\frac{p_2-p_1}{\rho g} \tag{4-2-2}$$

由式(4-2-2)可知：只要直接读出真空表和压力表上的数值，就可以计算出泵的扬程。

本实验中，还采用压力传感器来测量泵进口、出口的真空度和压力，由 8 路巡检仪显示真空度和压力值。

3. 轴功率 N 的测量与计算

轴功率可按下式计算：

$$N=M\omega=M\frac{2\pi n}{60}=9.81PL\frac{2\pi n}{60} \tag{4-2-3}$$

式中，N 为泵的轴功率，W；M 为泵的转矩，$M=9.81PL$，J；ω 为泵的旋转角速度，1/s；

n 为泵的转速，r/min；P 为测功臂上所加砝码的质量，kg；

L 为测功臂长，m；$L=0.4867$m(马达天平法)。

由式(4-2-3)可知：要测定泵的轴功率，需要同时测定泵轴的转矩 M 和转速 n，泵轴的转矩采用马达天平法或功率传感器测量，泵轴的转速由转速传感器、转速表直接读出。

4. 效率 η 的计算

泵的效率 η 为泵的有效功率 N_e 与轴功率 N 的比值。有效功率 N_e 是流体单位时间内自泵得到的功，轴功率 N 是单位时间内泵从电机得到的功，两者差异反映了水力损失、容积损失和机械损失的大小。

泵的有效功率 N_e 可用下式计算：

$$N_e=H\,q_{V,s}\rho g \tag{4-2-4}$$

故

$$\eta=N_e/N=H\,q_{V,s}\rho g/N \tag{4-2-5}$$

5. 转速改变时的换算

泵的特性曲线是在指定转速下的数据，就是说在某一特性曲线上的一切实验点，其转速

都是相同的。但是，实际上感应电动机在转矩改变时，其转速会有变化，这样随着流量的变化，多个实验点的转速将有所差异，因此在绘制特性曲线之前，须将实测数据换算为平均转速下的数据。换算关系如下：

$$\left.\begin{aligned}&\text{流量 } q'_{\mathrm{V,s}}=q_{\mathrm{V,s}}\frac{n'}{n}\\&\text{扬程 } H'=H\left(\frac{n'}{n}\right)^2\\&\text{轴功率 } N'=N\left(\frac{n'}{n}\right)^3\\&\text{效率 } \eta'=\frac{q'_{\mathrm{V,s}}H'\rho g}{N'}=\frac{q_{\mathrm{V,s}}H\rho g}{N}=\eta\end{aligned}\right\}\qquad(4\text{-}2\text{-}6)$$

本实验装置安装了变频器，以改变离心泵的转速，实现测定变转速时离心泵的性能特性曲线的目的，转速改变后的换算关系也满足比例定律(4-2-6)。本实验装置还设计安装了用于两台离心泵的串联和并联操作的阀门，以实现离心泵的串联和并联操作。全部实验能实现计算机数据在线采集和自动控制。

三、实验装置及流程

离心泵性能特性曲线测定系统装置工艺控制流程和离心泵性能特性曲线测定实验仪控柜面板如图 4-2-1 和图 4-2-2 所示。

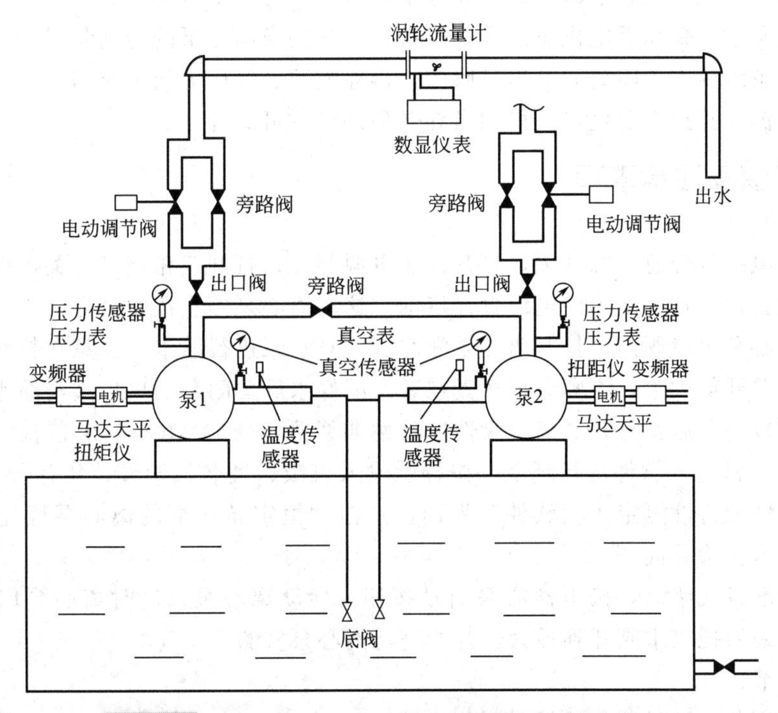

图 4-2-1 离心泵性能特性曲线测定系统装置工艺控制流程

四、安全操作规程

1. 参加实验前要先预习，掌握实验原理和实验步骤及注意事项。

2. 实验过程中要听从指导老师的安排，遵守操作规程，严禁用湿手触摸电器开关。

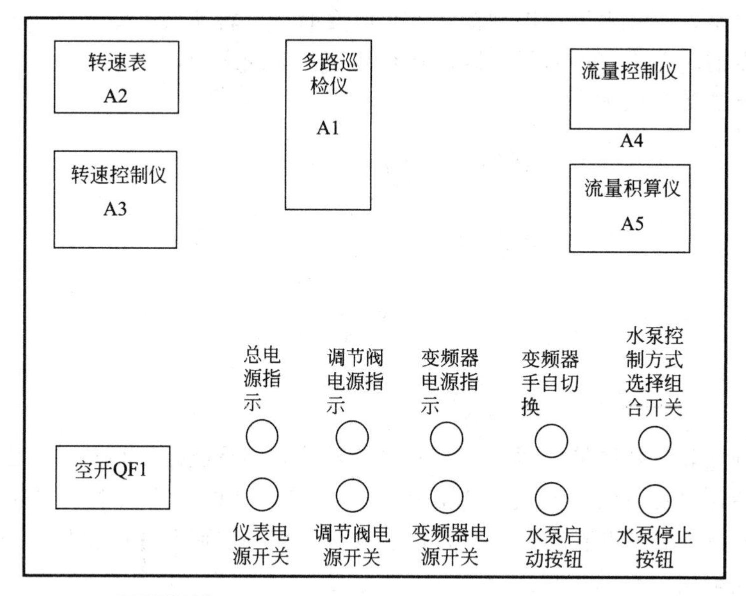

图 4-2-2 离心泵性能特性曲线测定实验仪控柜面板

3. 实验时要先灌泵，灌好泵后关闭灌泵阀门。

4. 检查并取下马达天平上的砝码，关闭离心泵的出口阀。

5. 合上电源开关，仪表上电，启动离心泵，打开离心泵出口阀。

6. 实验过程中严禁靠近电机尾部冷却风机，严禁触摸离心泵的传动装置，以防伤人。

7. 实验结束时要先关闭离心泵出口阀门，再停电源。最后关闭水阀门。

8. 关闭门窗，打扫好卫生，并得到指导老师许可方可离开。

五、实验步骤及注意事项

（一）实验步骤

1. 仪表上电：打开总电源开关，打开仪表电源开关；打开三相空气开关，把离心泵电源转换开关旋到直接位置，即为由电源直接启动，这时离心泵停止按钮灯亮。

2. 打开离心泵出口阀门，打开离心泵灌水阀，对水泵进行灌水，注意在打开灌水阀时要慢慢打开，不要开得太大，否则会损坏真空表。灌好水后关闭泵的出口阀与灌水阀门。

3. 实验软件的开启：打开“离心泵性能特性曲线测定实验 MCG”组态软件，进入组态环境，按“F5”键进入软件运行环境。按提示输入班级、姓名、学号、装置号后按“确定”进入“离心泵性能特性测定实验软件”界面，点击“恒定转速下的离心泵性能特性曲线测定”按钮，进入实验界面。

4. 当一切准备就绪后，按下离心泵启动按钮，启动离心泵，这时离心泵启动按钮绿灯亮。启动离心泵后把出水阀开到最大，开始进行离心泵实验。

5. 流量调节：

（1）手动调节：通过泵出口闸阀调节流量。

（2）自动调节：通过图 4-2-2 所示仪控柜面板中流量自动调节仪表来调节电动调节阀的开度，以实现流量的手自动控制。

① 仪表手动调节：在仪表面板上进行，将仪表调到手动操作模式，按上下键（∧、∨）进行调节，输出信号的增大或减小来控制调节阀开度的增大或减小，达到调节流量的目的；

② 仪表自动调节：在“恒定转速下的离心泵性能特性曲线测定”实验界面中，单击“电动调节阀开度”，输入调节阀开度值即可自动由调节阀控制流量。

6. 手动调节实验方法：调节出口闸阀开度，使阀门全开。等流量稳定时，在马达天平上添加砝码使平衡臂与准星对准读取砝码质量。在仪表台上读出电机转速 n，流量 v，水温 t，真空表读数 p_1 和出口压力表读数 p_2 并记录；关小阀门减小流量，重复以上操作，测得另一流量下对应的各个数据，一般重复 8～9 个点为宜。

7. 自动调节实验做法：关闭流量手动调节阀门，打开电动调节阀前面的阀门，打开电动调节阀电源开关，给电动调节阀上电。流量自动调节仪的使用：在软件界面中单击“手动调节中”按钮，则进入自动调节状态(“自动调节中”)，单击“设置输出”按钮，输入 100，把调节阀开到最大。等流量稳定、数据稳定后，按下软件的“数据采集”按钮采集数据。采集完数据，把扭矩传感器的挂钩取下。改变设置输出的大小，改变不同的流量，采集不同流量下的数据。

8. 实验完毕，关闭水泵出口阀。按下仪表台上的水泵停止按钮，停止水泵的运转。单击“退出实验”。回到“离心泵性能特性测定实验软件”界面，再单击“退出实验”按钮退出实验系统。

9. 如果要改变离心泵的转速，测定另一转速下的性能特性曲线，则可以用变频器来调节离心泵的转速，步骤同前。

10. 关闭以前打开的所有设备电源。

（二）注意事项

实验开始时，灌泵用的进水阀门开度要小，以防进水压力过大损坏真空表。

六、实验数据记录

装置号：__________开始水温：__________结束水温：__________

实验次数	流量 /(m^3/h)	$p_{真}$ /MPa	$p_{表}$ /MPa	转速 /(r/min)	砝码质量 /kg	功率表读数/W
1						
2						
3						
4						
5						
6						
7						
8						
9						
10						

七、实验数据处理

以第一组数据为例：

求出开始水温 t_1 和结束水温 t_2 的平均值 t：$t=\dfrac{t_1+t_2}{2}$

以平均温度 t 为定性温度，查教材附录得到水的密度 $\rho=$__________

$$H=\frac{p_2-p_1}{\rho g}=\frac{p_{表}+p_{真}}{\rho g}$$

$$N=M\omega=M\frac{2\pi n}{60}=9.81PL\frac{2\pi n}{60}$$

$$\eta=N_e/N=H\,q_{V,s}\rho g/N$$

同理求出其他流量时的数据，并列表：

流量 $q_{V,s}$/(m^3/s)	扬程 H/m	轴功率/W	效率 η/%

八、实验结果

1. 在同一张坐标纸上描绘一定转速下的 H-$q_{V,s}$、N-$q_{V,s}$、η-$q_{V,s}$ 曲线。

2. 分析实验结果，判断泵较为适宜的工作范围。

九、思考题

1. 试从所测实验数据分析，离心泵在启动时为什么要关闭出口阀门？

2. 启动离心泵之前为什么要引水灌泵？

3. 为什么用泵的出口阀门调节流量？这种方法有什么优缺点？

4. 泵启动后，出口阀如果打不开，压力表读数是否会逐渐上升？为什么？

5. 正常工作的离心泵，在其进口管路上安装阀门是否合理？为什么？

6. 试分析，用清水泵输送密度为 1200kg/m^3 的盐水(忽略黏度的影响)，在相同流量下你认为泵的压力是否变化？轴功率是否变化？

十、离心泵操作实训考核评分表

姓名：______、______、______实训装置号：______考核时间：______考核成绩：______

项目	考核内容	评分标准	分值	得分
指出运行流程	对照装置指出单台离心泵运行流程和控制点	每错一项扣1分,扣完为止	5	
	对照装置指出两台离心泵串联运行流程和控制点	每错一项扣1分,扣完为止	5	
	对照装置指出两台离心泵并联运行流程和控制点	每错一项扣1分,扣完为止	5	

续表

项目	考核内容	评分标准	分值	得分
运行前检查	泵周围是否清洁，不允许有妨碍运行的东西存在。检查联轴器保护罩，地脚等部分螺钉是否紧固，有无松动现象。盘车应灵活，无异常现象。灌泵后关闭泵的出口阀与灌水阀	有一项未检查扣1分，没有灌泵、未关闭出口阀各扣5分，灌泵方法不正确，扣2分，扣完为止	10	
泵运行	按下离心泵启动按钮，启动离心泵，把出口阀开到最大，开始进行实训：在运行过程中应随时观察轴封有无泄漏，如泄漏量大，则密封可能损坏，需报告老师停车更换；判断泵声音是否正常，若异常需报告老师停车检查	没有检查或发现异常未及时报告处理有一项扣2分，扣完为止，损坏仪器、设备按价赔偿，成绩按不及格计	10	
	依次进行单台泵运行、串联运行、并联运行时的性能曲线测定	切换过程阀门开、关正确，操作规范，否则有一项扣2分，扣完为止	45	
	数据记录	数据记录齐全、规范，否则有一项扣1分，扣完为止	5	
运行停止	先关排出阀，后停泵，再关闭仪表、电源，并将阀门调节到实训开始前的状态	停车顺序错误有一项扣1分，停泵前未先关出口阀扣5分，未将阀门调节到实训开始前的状态分全扣，扣完为止	8	
安全与卫生	穿着符合安全与文明操作要求，实训过程中无危险行为，不发生事故，实训结束后打扫好卫生	有一项不符合扣2分，实训过程中发生事故按不及格计	7	

实验三　对流给热系数测定实验（空气-水蒸气体系或水-水蒸气体系）

一、实验目的

1. 观察水蒸气在水平管外壁上的冷凝现象；
2. 测定空气或水在圆形直管内强制对流给热系数和总传热系数并随着流量的变化规律；
3. 掌握热电阻测温方法；
4. 掌握化工原理实验软件库（组态软件 MCGS 和 VB 实验数据处理软件系统）的使用。

二、实验原理

在套管换热器中，环隙通以水蒸气，内管管内通以空气或水，水蒸气冷凝放热以加热空气或水，在传热过程达到稳定后，有如下关系式：

$$q_{V,s}\rho C_p(t_2-t_1)=\alpha_0 A_0(T-T_w)_m=\alpha_i A_i(t_w-t)_m \tag{4-3-1}$$

式中：$q_{V,s}$——被加热流体体积流量，m^3/s；

ρ——被加热流体密度，kg/m^3；

C_p——被加热流体平均比热容，J/(kg·℃)；

α_0、α_i——水蒸气对内管外壁的冷凝给热系数和流体对内管内壁的对流给热系数，$W/(m^2 \cdot ℃)$；

t_1、t_2——被加热流体进、出口温度，℃；

A_0、A_i——内管的外壁、内壁的传热面积，m^2；

$(T-T_w)_m$——水蒸气与外壁间的对数平均温度差，℃；

$$(T-T_w)_m=\frac{(T-T_{w1})-(T-T_{w2})}{\ln\frac{T-T_{w1}}{T-T_{w2}}} \tag{4-3-2}$$

$(t_w-t)_m$——内壁与流体间的对数平均温度差，℃。

$$(t_w-t)_m=\frac{(t_{w1}-t_1)-(t_{w2}-t_2)}{\ln\frac{t_{w1}-t_1}{t_{w2}-t_2}} \tag{4-3-3}$$

式中 T——蒸汽冷凝温度，℃；

T_{w1}、T_{w2}、t_{w1}、t_{w2}——外壁和内壁上进、出口温度，℃。

当内管材料导热性能很好，即 λ 值很大，且管壁厚度很薄时，可认为 $T_{w1}=t_{w1}$，$T_{w2}=t_{w2}$，即为所测得的该点的壁温。

由式(4-3-1)可得：

$$\alpha_0=\frac{q_{V,s}\rho C_p(t_2-t_1)}{A_0(T-T_w)_m} \tag{4-3-4}$$

$$\alpha_i=\frac{q_{V,s}\rho C_p(t_2-t_1)}{A_i(t_w-t)_m} \tag{4-3-5}$$

若能测得被加热流体的 $q_{V,s}$、t_1、t_2，内管的换热面积 A_0 或 A_i，以及水蒸气温度 T，壁温 T_{w1}、T_{w2}，则可通过式（4-3-4）算得实测的水蒸气(平均)冷凝给热系数 α_0；通过式(4-3-5）算得实测的流体在管内的(平均)对流给热系数 α_i。

在水平管外，蒸汽冷凝给热系数(膜状冷凝)，可由下列半经验公式求得：

$$\alpha_0=0.725\left(\frac{\rho^2 g\lambda^3 r}{\mu d_0\Delta t}\right)^{1/4} \tag{4-3-6}$$

式中 α_0——蒸汽在水平管外的冷凝给热系数，$W/(m^2 \cdot ℃)$；

λ——水的热导率，$W/(m \cdot ℃)$；

g——重力加速度，$9.81m/s^2$；

ρ——水的密度，kg/m^3；

r——饱和蒸汽的冷凝潜热，J/kg；

μ——水的黏度，$N \cdot s/m^2$；

d_0——内管外径，m；

Δt——蒸汽的饱和温度 t_s 和壁温 t_w 之差，℃。

式中，定性温度除冷凝潜热为蒸汽饱和温度外，其余均取液膜温度，即 $t_m=(t_s+t_w)/2$，其中：$t_w=(T_{w1}+T_{w2})/2$。

流体在直管内强制对流时的给热系数，可按下列半经验公式求得：

湍流时：

$$\alpha_i=0.023\frac{\lambda}{d_i}Re^{0.8}Pr^{0.4} \tag{4-3-7}$$

式中　α_i——流体在直管内强制对流时的给热系数，W/(m^2·℃)；

λ——流体的热导率，W/(m·℃)；

d_i——内管内径，m；

Re——流体在管内的雷诺数，无量纲；

Pr——流体的普朗特数，无量纲。

式中，定性温度均为流体的平均温度，即 $t=(t_1+t_2)/2$。

过渡流时：

$$\alpha_i'=\varphi\alpha_i \tag{4-3-8}$$

式中，φ 为修正系数，　$\varphi=1-\frac{6\times10^5}{Re^{1.8}}$

三、实验装置及流程

1. 实验装置

本实验装置由蒸汽发生器、套管换热器及温度传感器、智能显示仪表等构成。其实验装置及流程如图 4-3-1 所示。

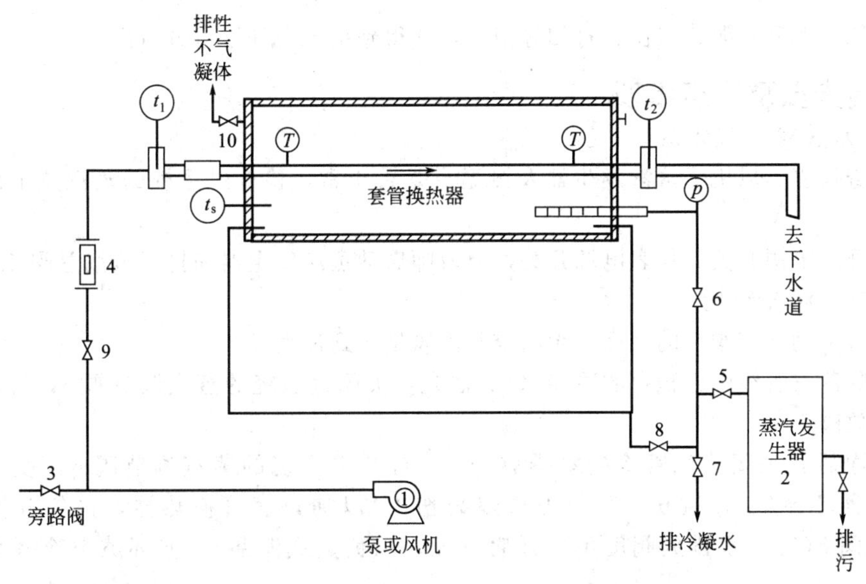

图 4-3-1　水蒸气-水（或空气）对流给热系数测定实验装置及流程

1—水泵或旋涡气泵；2—蒸汽发生器；3—旁路阀；4—转子流量计；5—蒸汽总阀；6—蒸汽调节阀；7，8—冷凝水排放阀；9—水或空气流量手动调节阀；10—惰性气体排放阀

2. 实验流程

水蒸气-空气体系：来自蒸汽发生器的水蒸气进入玻璃套管换热器，与来自旋涡气泵的空气进行热交换，冷凝水经管道排入地沟。冷空气经 LWQ-25 型涡轮流量计进入套管换热器内管(紫铜管)，热交换后放空。空气流量可用阀门调节或变频器自动调节。

水蒸气-水体系：来自蒸汽发生器的水蒸气进入玻璃套管换热器，与来自高位槽的水进行热交换，冷凝水经管道排入地沟。冷水经电动调节阀和 LWQ-15 型涡轮流量计进入套管换热器内管(紫铜管)，热交换后进入下水道。水流量可用阀门调节或电动调节阀自动调节。

3. 设备与仪表规格

① 紫铜管规格：直径 ϕ16mm×1.5mm，长度 $L=1010$mm。

② 外套玻璃管规格：直径 ϕ112mm×6mm，长度 L＝1010mm。

③ 旋涡气泵：XGB-12 型，风量 0～90m^3/h，风压 12kPa。

④ 压力表规格：0～0.1MPa。

四、安全操作规程

1. 参加实验前要先预习，掌握实验原理和实验步骤及注意事项。

2. 实验过程中要听从指导老师的安排，遵守操作规程，严禁用湿手触摸电器开关。

3. 实验时要先打开冷流体，调节到规定流量后微微打开阀蒸汽出口阀约 1/3～1/2 开度，再缓慢打开蒸汽调节阀，保持蒸汽压力不超过 0.05MPa，注意打开蒸汽阀门时要侧面面对阀门，防止烫伤。

4. 蒸汽发生器由指导老师操作，学生不得乱动乱摸。

5. 观察蒸汽冷凝现象时要正面观察，严禁从后面观察，以防玻璃套管爆裂蒸汽喷出烫伤人。

6. 实验过程中人不能站在蒸汽冷凝水排放口处，严防烫伤。

7. 实验结束时要先关闭蒸汽出口阀，再关闭蒸汽调节阀，过 5～10min 才能关闭冷流体。

8. 关闭电源和水源、门窗、打扫好卫生，并得到指导老师许可方可离开。

五、实验步骤及注意事项

（一）水蒸气-空气体系

1. 检查仪表、风机、蒸汽发生器及测温点是否正常，检查进系统的蒸汽调节阀 6 是否关闭。

2. 打开总电源开关、仪表电源开关，由教师启动蒸汽发生器和打开蒸汽总阀 5。

3. 启动旋涡气泵 1。

4. 调节手动调节阀 9 的开度，阀门全开使风量达到最大。

5. 排除蒸汽管线中原积存的冷凝水（方法是：关闭进系统的蒸汽调节阀 6，打开蒸汽管冷凝水排放阀 7）。

6. 排净后，关闭蒸汽管冷凝水排放阀 7，打开进系统的蒸汽调节阀 6，使蒸汽缓缓进入换热器环隙（切忌猛开，防止玻璃爆裂伤人）以加热套管换热器，再打开换热器冷凝水排放阀 8（冷凝水排放阀度不要开启过大，以免蒸汽泄漏），使环隙中冷凝水不断地排至地沟。

7. 仔细调节进系统蒸汽调节阀 6 的开度，使蒸汽压力稳定保持在 0.05MPa 以下（可通过微调惰性气体排空阀使压力达到需要的值），以保证在恒压条件下操作，再根据测试要求，由大到小逐渐调节空气流量手动调节阀 9 的开度，合理确定 3～6 个实验点，待稳定后，分别从温度、压力显示仪表（控制面板上）上读取各有关参数。

8. 实验终了，首先关闭蒸汽调节阀 6，切断设备的蒸汽来路，关闭蒸汽发生器（由教师完成）、仪表电源开关及切断总电源。

（二）水蒸气-水体系

1. 检查仪表、蒸汽发生器及测温点是否正常。

2. 打开总电源开关、仪表电源开关，由教师启动蒸汽发生器和打开蒸汽总阀 5，并使电动调节阀的电源呈“关”状态。

3. 关闭电动调节阀两端的阀门，开启旁路阀，使管内通以一定量的水，排除管内空气。

4. 排除蒸汽管线中原积存的冷凝水(方法是：关闭进系统的蒸汽总阀 5，打开蒸汽管冷凝水排放阀 7)。

5. 排净后，关闭蒸汽管冷凝水排放阀 7，打开进系统的蒸汽调节阀 6，使蒸汽缓缓进入换热器环隙(切忌猛开，防止玻璃爆裂伤人)以加热套管换热器，再打开换热器冷凝水排放阀 8(冷凝水排放阀的开度不要开启过大，以免蒸汽泄漏)，使环隙中冷凝水不断地排至地沟。

6. 仔细调节进系统蒸汽调节阀 6 的开度，使蒸汽压力稳定保持在 0.05MPa 以下(可通过微调惰性气体排空阀使压力达到需要的值)，以保证在恒压条件下操作，再根据测试要求，由大到小逐渐调节空气流量手动调节阀 9 的开度，合理确定 3～6 个实验点，待稳定后，分别从温度、压力巡检仪及智能流量积算仪(控制面板上)上读取各有关参数。

7. 实验结束，首先关闭蒸汽总阀，切断设备的蒸汽来路，经一段时间后，再关闭水流量手动调节阀，然后关闭蒸汽发生器(由教师完成)、仪表电源开关及切断总电源。

(三) 注意事项

1. 一定要在套管换热器内管输以一定量的空气或水，方可开启蒸汽阀门，且必须在排除蒸汽管线上原先积存的凝结水后，方可把蒸汽通入套管换热器中。

2. 开始通入蒸汽时，要缓慢打开蒸汽阀门，使蒸汽徐徐流入换热器中，逐渐加热，由“冷态”转变为“热态”不得少于 20min，以防止玻璃管因突然受热、受压而爆裂。

3. 操作过程中，蒸汽压力一般控制在 0.05MPa(表压)以下。

4. 测定各参数时，必须是在稳定传热状态下，并且随时注意惰气的排空和压力表读数的调整。每组数据应重复 2～3 次，确认数据的再现性、可靠性。

六、实验数据记录

实验装置：__________；体系__________：实验压力：$p=$__________ MPa

实验次数 / 记录内容	1	2	3
冷流体流量			
蒸汽冷凝温度			
冷流体进口温度			
冷流体出口温度			
冷端壁温			
热端壁温			

七、实验数据处理

以第一组数据为例：

先求出各个温度的平均值，T、t_1、t_2、t_{w1}、t_{w2}，再以冷流体进出口温度的平均值

t：$t=\dfrac{t_1+t_2}{2}$为定性温度查教材附录得到水或空气的密度 ρ ______和比热容 C_p ______。

$$(T-T_w)_m=\frac{(T-T_{w1})-(T-T_{w2})}{\ln\dfrac{T-T_{w1}}{T-T_{w2}}}$$

$$(t_w-t)_m=\frac{(t_{w1}-t_1)-(t_{w2}-t_2)}{\ln\dfrac{t_{w1}-t_1}{t_{w2}-t_2}}$$

$$\alpha_0=\frac{q_{V,s}\rho C_p(t_2-t_1)}{A_0(T-T_w)_m}$$

$$\alpha_i=\frac{q_{V,s}\rho C_p(t_2-t_1)}{A_i(t_w-t)_m}$$

$$K_0=\frac{1}{\dfrac{d_0}{d_i\alpha_i}+\dfrac{1}{\alpha_0}}$$

或

$$\Delta t_m=\frac{(T-t_1)-(T-t_2)}{\ln\dfrac{T-t_1}{T-t_2}}$$

$$K_0=\frac{q_{V,s}\rho C_p(t_2-t_1)}{A_0\Delta t_m}$$

同理求得其他数据对应的结果，并列表：

实验次数	冷流体流量 /(m^3/h)	管程给热系数 α_i/[W/(m^2·K)]	壳程给热系数 α_0/[W/(m^2·K)]	总传热系数 K_0/[W/(m^2·K)]
1				
2				
3				

八、思考题

1. 实验中冷流体和蒸汽的流向，对传热效果有何影响？
2. 蒸汽冷凝过程中，若存在不冷凝气体，对传热有何影响，采取什么措施？
3. 实验过程中，冷凝水不及时排走，会产生什么影响？如何及时排走冷凝水？
4. 实验中，所测定的壁温是靠近蒸汽侧还是冷流体侧温度？为什么？
5. 如果采用不同压强的蒸汽进行实验，对 α 关联式有何影响？

实验四　填料塔吸收实验

一、实验目的

1. 了解填料塔吸收装置的基本结构及流程；
2. 掌握总体积传质系数的测定方法；
3. 测定填料塔的流体力学性能；
4. 了解气体空塔速度和液体喷淋密度对总体积传质系数的影响；
5. 掌握气相色谱仪和六通阀在线检测 CO_2 浓度和测量方法。

二、实验原理

气体吸收是典型的传质过程之一。由于 CO_2 气体无味、无毒、廉价，所以气体吸收实验选择 CO_2 作为溶质组分是最为适宜的。本实验采用水吸收空气中的 CO_2 组分。一般将配置的原料气中的 CO_2 浓度控制在10%以内，所以吸收的计算方法可按低浓度来处理。又 CO_2 在水中的溶解度很小，所以此体系 CO_2 气体的吸收过程属于液膜控制过程。因此，本实验主要测定 K_{xa} 和 H_{OL}。

1. 计算公式

填料层高度 Z 为

$$z=\int_0^Z dZ=\frac{q_{n,L}}{K_{Xa}\Omega}\int_{X_2}^{X_1}\frac{dX}{X^*-X}=H_{OL}N_{OL} \tag{4-4-1}$$

式中 $q_{n,L}$——液体通过塔截面的流量，kmol/s；

K_{Xa}——以 ΔX 为推动力的液相总体积传质系数，kmol/(m^3·s)；

X_1——出塔液相浓度；

X_2——进塔液相浓度；

X^*——与气相浓度 Y 成平衡的液相浓度；

H_{OL}——传质单元高度，m；

N_{OL}——传质单元数，无量纲。

令：吸收因数

$$A=q_{n,L}/mq_{n,V} \tag{4-4-2}$$

$$N_{OL}=\frac{1}{1-A}\ln\left[(1-A)\frac{Y_1-mX_2}{Y_1-mX_1}+A\right] \tag{4-4-3}$$

2. 测定方法

① 空气流量和水流量的测定：本实验采用转子流量计测得空气和水的体积流量，并根据实验条件(温度和压力)和有关公式换算成空气和水的摩尔流量。

② 测定塔顶和塔底气相组成 Y_1 和 Y_2。

③ 平衡关系。

本实验的平衡关系可写成

$$Y=mX \tag{4-4-4}$$

式中 m——相平衡常数，$m=E/P$；

E——亨利系数，$E=f(t)$，Pa，根据液相温度测定值由附录查得；

P——总压，Pa，取压力表指示值。

对清水而言，$X_2=0$，由全塔物料衡算

$$q_{n,V}(Y_1-Y_2)=q_{n,L}(X_1-X_2)$$

可得 X_1。

三、实验装置及流程

1. 装置及流程

本实验装置及流程如图4-4-1所示：水经转子流量计后送入填料塔塔顶再经喷淋头喷淋在填料顶层。由风机输送来的空气和由钢瓶输送来的二氧化碳气体混合后，一起进入气体混合稳压罐，然后经转子流量计计量后进入塔底，与水在塔内进行逆流接触，进行质量和热量的交换，由塔顶出来的尾气放空，由于本实验为低浓度气体的吸收，所以热量交换可略，整

个实验过程可看成是等温吸收过程。

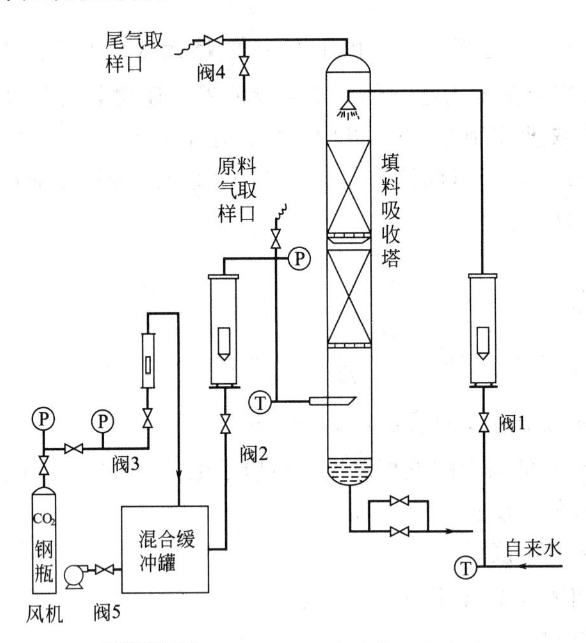

图 4-4-1 填料塔吸收实验装置及流程

2. 主要设备

① 吸收塔：高效填料塔，塔径 100mm，塔内装有金属丝网板波纹规整填料，填料层总高度 2000mm。塔顶部有液体初始分布器，塔中部有液体再分布器，塔底部有栅板式填料支承装置。填料塔底部有液封装置，以避免气体泄漏。

② 填料规格和特性：金属丝网板波纹填料，型号 JWB-700Y，填料尺寸为 ϕ100mm×50mm，比表面积 $700m^2/m^3$。

③ 转子流量计：

介质	条件			
	最大流量	最小刻度	标定介质	标定条件
空气	$25m^3/h$	$0.15m^3/h$	空气	20℃ 1.0133×10^5Pa
CO_2	160L/h	4L/h	空气	20℃ 1.0133×10^5Pa
水	1000L/h	20L/h	水	20℃ 1.0133×10^5Pa

④ 旋涡气泵：XGB-13 型，风量 $0\sim90m^3/h$，风压 14kPa。

⑤ 二氧化碳钢瓶。

⑥ 气相色谱仪(型号 SP6801)。

⑦ 色谱工作站：浙大 NE2000。

四、安全操作规程

1. 参加实验前要先预习，掌握实验原理和实验步骤及注意事项。

2. 实验过程中要听从指导老师的安排，遵守操作规程，严禁用湿手触摸电器开关。

3. 实验时要先打开水阀门，调节到规定流量后再启动风机并调节流量至规定值，最后打开 CO_2 阀门，调节至规定流量。

4. CO_2 钢瓶及加热装置由指导老师操作，学生不得乱动乱摸。

5. 实验过程中要保持室内空气流通，并注意检查 CO_2 钢瓶是否漏气，若发现漏气要及时报告指导老师并在老师的指导下正确处理。

6. 实验过程中要仔细调节保持操作参数稳定，以保持吸收过程稳定。

7. 实验结束时要先关闭 CO_2 阀门，再关闭空气调节阀，停风机，最后关闭水阀门。

8. 关闭电源和水源、门窗、打扫好卫生，并得到指导老师许可方可离开。

五、实验步骤及注意事项

（一）实验步骤

1. 熟悉实验流程及弄清气相色谱仪及其配套仪器结构、原理、使用方法及其注意事项。

2. 打开仪表电源开关及风机电源开关。

3. 开启进水总阀，使水的流量达到 350L/h 左右。让水进入填料塔润湿填料。

4. 塔底液封控制：仔细调节 Ⅱ 型阀门的开度，使塔底液位缓慢地在一段区间内变化，以免塔底液封过高溢满或过低而漏气。

5. 打开 CO_2 钢瓶总阀，并缓慢调节钢瓶的减压阀(注意减压阀的开关方向与普通阀门的开关方向相反，顺时针为开，逆时针为关)，使其压力稳定在 0.2MPa 左右。

6. 仔细调节空气流量阀至 $5m^3/h$，并调节 CO_2 调节转子流量计的流量，使其稳定在 100L/h。

7. 仔细调节尾气放空阀的开度，直至塔中压力稳定在实验值。

8. 待塔操作稳定后，读取各流量计的读数及通过温度数显表、压力表读取各温度、压力，通过六通阀在线进样，利用气相色谱仪分析出塔顶、塔底气相组成。

9. 增大水流量值至 450～550L/h，重复步骤 6、7、8。

10. 实验完毕，关闭 CO_2 钢瓶总阀，再关闭风机电源开关、关闭仪表电源开关，清理实验仪器和实验场地。

（二）注意事项

1. 固定好操作点后，应随时注意调整以保持各量不变。

2. 在填料塔操作条件改变后，需要有较长的稳定时间，一定要等到稳定以后方能读取有关数据。

六、实验数据记录

实验装置号：__________

时间	混合气体量/(m^3/h)	CO_2 流量/(L/h)	水量/(L/h)	压力/MPa	气温/℃	液温/℃

续表

时间	混合气体量/(m^3/h)	CO_2 流量/(L/h)	水量/(L/h)	压力/MPa	气温/℃	液温/℃

数据分析记录：

实验次数 分析项目	1	2	3
塔顶 w_{t2}/%			
塔底 w_{t1}/%			

七、实验数据处理

以第一组数据为例：

根据水温 $t_{液平均}$ 为定性温度查教材附录得出水的密度 $\rho=$______和 CO_2 的亨利系数 $E=$______，$m=E/P=$______。

$$y_1=\frac{\frac{w_{t1}}{44}}{\frac{w_{t1}}{44}+\frac{1-w_{t1}}{29}},y_2=\frac{\frac{w_{t2}}{44}}{\frac{w_{t2}}{44}+\frac{1-w_{t2}}{29}}$$

$$Y_1=\frac{y_1}{1-y_1},Y_2=\frac{y_2}{1-y_2}$$

$$q_{n,L}=\frac{q_{V,h}\rho}{18},q_{n,V}=\frac{pq_{V,h}}{R(t_{气平均}+273.15)}\times(1-y_1)$$

$$X_1=\frac{q_{n,V}(Y_1-Y_2)}{q_{n,L}}+X_2$$

$$A=q_{n,L}/mq_{n,V}$$

$$N_{OL}=\frac{1}{1-A}\ln[(1-A)\frac{Y_1-mX_2}{Y_1-mX_1}+A]$$

$$K_{Xa}=\frac{q_{n,L}N_{OL}}{2\Omega}=\frac{q_{n,L}N_{OL}}{2\times\frac{\pi D^2}{4}}$$

同理求出其他数据对应的结果，并列表：

项目	1	2	3
混合气体量 $q_{V,h}$/(m^3/h)			
水量 $q_{V,h}$/(m^3/h)			

续表

项目	1	2	3
y_1			
y_2			
Y_1			
Y_2			
m			
A			
N_{OL}			
K_{Xa}			

八、思考题

1.本实验中，为什么塔底要有液封？液封高度如何计算？

2.测定 K_{Xa} 有什么工程意义？

3.为什么二氧化碳吸收过程属于液膜控制？

4.当气体温度和液体温度不同时，应用什么温度计算亨利系数？

九、吸收操作实训考核评分表

姓名：______、______、______实训装置号：______考核时间：______考核成绩：______

项目	考核内容	要求与完成情况(裁判可在对应的考核点上打√或×)	分值	说明	得分
指出吸收流程与控制点(6分)	指出液相流程	上水总阀—过滤器—测温点—调节阀—流量计—塔顶喷淋器—填料层—塔釜—吸收液排放	2	每错、漏一项扣1分，扣完为止	
	指出气相流程	空气：鼓风机—混合点—缓冲罐 CO_2：钢瓶—总阀—减压阀—调节阀—流量计—与空气混合点—缓冲罐 混合气：缓冲罐—测温点—调节阀—大、小流量计—测压点—进气取样口—塔底混合气进口—填料层—塔顶尾气出口—尾气取样口—尾气排放	4	每错、漏一项扣1分，扣完为止	
开车前准备(9分)	检查水源、电源及仪表	打开水源电源开关，查看并指出是否处于正常供给状态—打开仪表开关(顺序不能错) CO_2 总压表—减压后压力表—气测温仪—水测温仪—水流量计—空气流量计—CO_2 流量计—U形压差计	5	每错、漏一项扣1分	
	设备、管道等检漏	查看系统软连接(用皂水试，查完关气) CO_2 系统：总阀—减压阀进口—减压阀出口 取样管：进气取样口—出气取样口—三通 打开水系统检漏：上水阀—过滤器—测温点—计前阀—流量计—塔(边看边说，查完关水) 打开空气系统检漏：混合点—缓冲罐出口—弯头—测温点—大、小流量计进、出口—压力表—塔底混合气进口(用皂水试，查完关气)	4	每错、漏一项扣1分	

续表

<table>
<tr><th>项目</th><th>考核内容</th><th>要求与完成情况(裁判可在对应的考核点上打√或×)</th><th>分值</th><th>说明</th><th>得分</th></tr>
<tr><td rowspan="5">开车与稳定操作(27分)</td><td>打开水系统</td><td>缓慢打开阀门—调节流量至指定范围(350～500L/h)—保持稳定</td><td>4</td><td rowspan="3">每错一项扣1分</td><td></td></tr>
<tr><td>打开空气系统</td><td>打开风机电源—打开计前阀，调节流量(2.5m^3/h)—控制进气压力(0.01MPa)—保持稳定</td><td>4</td><td></td></tr>
<tr><td>打开CO2系统</td><td>打开钢瓶总阀—打开减压阀(压力为0.1MPa)—打开计前阀，调节流量(160L/h)—保持稳定</td><td>4</td><td></td></tr>
<tr><td>稳定操作</td><td>15min内维持稳定操作(从开车开始计时)：塔釜液封高度维持基本恒定
初始时间：______稳定时间：______</td><td>8</td><td>超时不得分</td><td></td></tr>
<tr><td>记录数据</td><td>水流量—空气流量—CO_2流量—水温—气温—U形压差计—进气压力(数据、单位)</td><td>7</td><td>每错、漏一项扣1分</td><td></td></tr>
<tr><td rowspan="5">分析及操作质量(32分)</td><td>尾气分析</td><td>取样—分析结果记录(出峰时间1.5min)</td><td>1</td><td rowspan="3">每错一项扣1分</td><td></td></tr>
<tr><td>进气分析</td><td>取样(开后5min再进样分析)—分析结果记录</td><td>1</td><td></td></tr>
<tr><td>吸收基本计算</td><td>Y_1—Y_2—φ(小数点后保留四位)</td><td>6</td><td></td></tr>
<tr><td rowspan="2">调控吸收率(气不变，调水流量，用水范围为350～500L/h)</td><td>(实际吸收率－指定吸收率)/指定吸收率×100%
指定吸收率为：10%</td><td>20</td><td>每相差±5%扣3分，扣完为止。注：在指定用水流量范围内测实际吸收率，否则不得分</td><td></td></tr>
<tr><td>比较用水量：四组用水量相比较</td><td>4</td><td>最大用水量不得分；每减少20L/h加1分，加到满分为止</td><td></td></tr>
<tr><td rowspan="4">正常停车(10分)</td><td>停CO_2</td><td>关总阀—压力表泄压后—关减压阀—关计前阀(顺序)</td><td>4</td><td rowspan="4">每错、漏一项扣1分</td><td></td></tr>
<tr><td>停空气</td><td>关计前阀—关风机(顺序)</td><td>2</td><td></td></tr>
<tr><td>停水</td><td>关计前阀—关总阀(顺序)</td><td>2</td><td></td></tr>
<tr><td>关电源</td><td>关仪表开关—总电源(顺序)</td><td>2</td><td></td></tr>
<tr><td rowspan="6">操作时间(10分)</td><td colspan="5">在得到相同吸收率范围(偏差等级相同0～5%；5.1%～10%；10.1%～15%等)的情况下，根据以下原则评分：</td></tr>
<tr><td>时间</td><td>0～5%</td><td colspan="2">5.1%～10%</td><td>10.1%～15%</td></tr>
<tr><td>30min</td><td>10</td><td colspan="2">8</td><td>6</td></tr>
<tr><td>40min</td><td>8</td><td colspan="2">6</td><td>4</td></tr>
<tr><td>50min</td><td>6</td><td colspan="2">4</td><td>2</td></tr>
<tr><td>60min</td><td>4</td><td colspan="2">2</td><td>0</td></tr>
<tr><td rowspan="4">文明操作(6分)</td><td rowspan="4"></td><td>穿着符合安全与文明操作要求</td><td>1</td><td rowspan="4">裁判酌情给分</td><td></td></tr>
<tr><td>正确使用操作设备、工具</td><td>2</td><td></td></tr>
<tr><td>保持实验环境整齐、清洁</td><td>1</td><td></td></tr>
<tr><td>服从裁判</td><td>2</td><td></td></tr>
</table>

实验五　数字化筛板精馏塔实验

一、实验目的

1. 了解连续精馏塔的基本结构及流程；

2. 掌握连续精馏塔的操作方法；

3. 学会板式精馏塔全塔效率、单板效率的测定方法；

4. 确定部分回流时不同回流比对精馏塔效率的影响；

5. 了解气相色谱仪的使用方法；

6. 了解塔釜液位自动控制、回流比和电加热自动控制的工作原理和操作方法；

7. 学会化工原理实验软件库(组态软件 MCGS 和 VB 实验数据处理软件系统)的使用。

二、实验原理

1. 全塔效率 E_T

全塔效率 $E_T=N_T/N_P$，其中 N_T 为塔内所需理论板数，N_P 为塔内实际板数。板式塔内各层塔板上的气液相接触效率并不相同，全塔效率简单反映了塔内塔板的平均效率，它反映了塔板结构、物系性质、操作状况对塔分离能力的影响，一般由实验测定。

式中 N_T 由已知的双组分物系平衡关系，通过实验测得塔顶产品组成 x_D、料液组成 x_F、热状态 q、残液组成 x_W、回流比 R 等，即能用图解法求得。

2. 单板效率 E_M

是指气相或液相经过一层实际塔板前后的组成变化与经过一层理论塔板前后的组成变化的比值。

三、实验装置及流程

本实验装置有筛板塔，其特征数据如下：

塔内径 $D_{内}=66$mm，1、2 号装置塔板数 $N_P=17$ 块，3、4、5 装置塔板数 $N_P=16$ 块。塔釜液体加热采用电加热，塔顶冷凝器为列管换热器。供料采用 LMI 电磁微量计量泵进料。

筛板精馏塔实验装置如图 4-5-1 所示，仪表控制板如图 4-5-2、图 4-5-3 所示。

四、安全操作规程

1. 参加实验者应理解实验原理，摸清装置流程和操作要点，明白要记录的实验数据。

2. 实验前要仔细检查实验装置的电源、仪表、阀门开关，严禁用湿手触摸电器开关，发现问题应立即向指导老师报告，等待处理，严禁实验装置带病运行。

3. 按要求配制一定浓度的操作液加进塔釜和加料筒。

4. 打开总电源开关、仪表上电、电加热开关并调至额定值、打开冷却水阀门并调至规定值。

5. 观察实验现象，记录实验数据，待有回流时打开回流阀，做全回流稳定操作。

6. 待全回流稳定后做部分回流操作：先打开进料阀，后启动进料泵，塔釜液位调节仪，再打开出料阀，调节合适的回流比保持操作稳定。

7. 部分回流结束时先关出料阀，后停进料泵，再关进料阀。

8. 实验结束时先调节加热器加热电压为 0、后关加热开关，待塔板上无料液时关闭回流

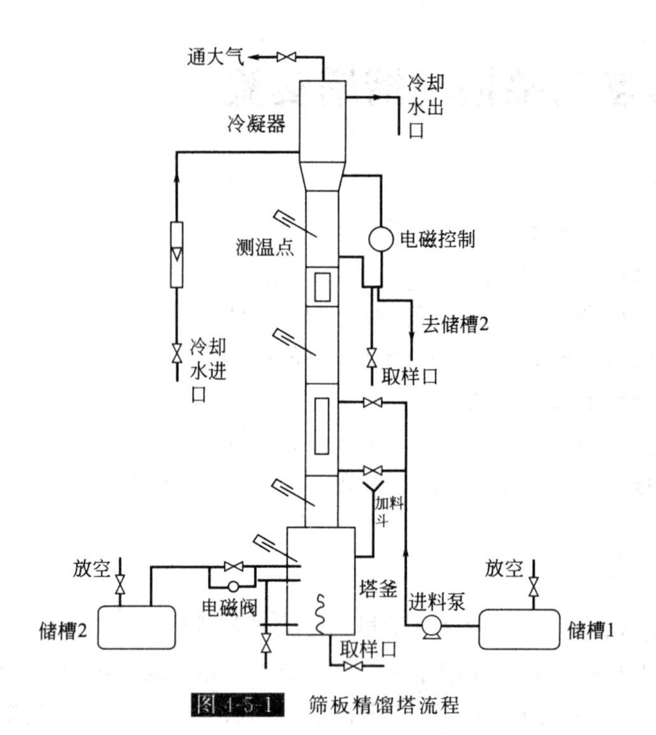

图 4-5-1 筛板精馏塔流程

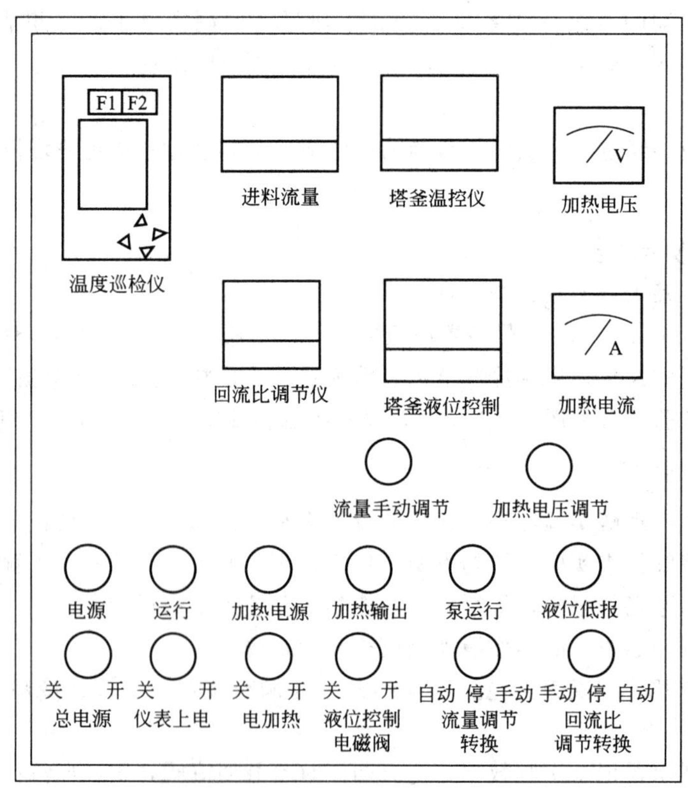

图 4-5-2 1# 、2# 装置仪表控制板

阀、冷却水阀。

9. 收集产品并计量，回收加料筒、塔釜料液至指定回收筒中。

10. 关闭仪表上电，停总电源，整理实验仪器，打扫卫生，经指导老师检查、批准方可离开。

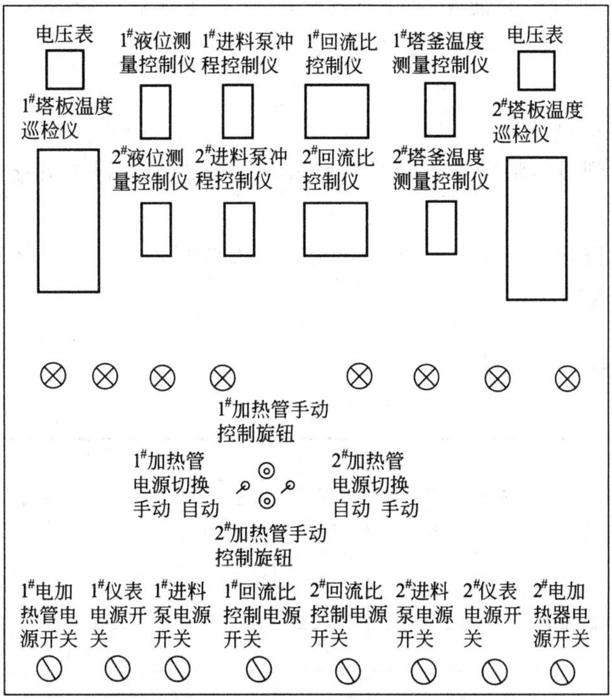

电压表
1#液位测量控制仪
1#进料泵冲程控制仪
1#回流比控制仪
1#塔釜温度测量控制仪
电压表
1#塔板温度巡检仪
2#塔板温度巡检仪
2#液位测量控制仪
2#进料泵冲程控制仪
2#回流比控制仪
2#塔釜温度测量控制仪
1#加热管手动控制旋钮
1#加热管电源切换 手动 自动
2#加热管电源切换 自动 手动
2#加热管手动控制旋钮
1#电加热管电源开关
1#仪表电源开关
1#进料泵电源开关
1#回流比控制电源开关
2#回流比控制电源开关
2#进料泵电源开关
2#仪表电源开关
2#电加热器电源开关

图 4-5-3 3# 、4# 、5# 装置仪表控制板

五、实验步骤及注意事项

（一） 全回流

1. 配制浓度 16%～19%(用酒精比重计测)的料液加入釜中，至釜容积的 2/3 处。

2. 检查各阀门位置，启动仪表电源，再启动电加热管电源，先用手动(电压为 150V)给釜液缓缓升温，10min 后再转向自动挡(电压为 220V)，若发现液沫夹带过量时，可拨至手动挡，电压调至 150～180V。

3. 塔釜加热开始后，打开冷凝器的冷却水阀门，流量调至 200～400L/h 左右，使蒸汽全部冷凝实现全回流。

4. 当塔顶温度、回流量和塔釜温度稳定后，分别取塔顶浓度 x_D 和塔釜浓度 x_W，后进行色谱分析。

（二）* 部分回流

1. 在储料罐中配制一定浓度的酒精溶液(约 10%～20%)。

2. 待塔全回流操作稳定时，打开进料阀，开启进料泵（LMI 电磁微量计量泵）电源，调节进料量至适当的流量。

3. 启动回流比控制器电源，调节回流比 $R(R=1\sim4)$。

4. 当流量、塔顶及塔内温度读数稳定后即可取样分析。

（三） 取样与分析

1. 进料、塔顶、塔釜液从各相应的取样阀放出。

2. 塔板上液体取样用注射器从所测定的塔板中缓缓抽出，取 1mL 左右注入事先洗净烘干的针剂瓶中，并给该瓶盖标号以免出错，各个样品尽可能同时取样。

3. 将样品进行色谱分析。

4. LMI 电磁微量计量泵的使用：打开操作面板上进料泵电源开关，打开进料阀，打开泵开关键。按向上或向下键可增大或降低速度。

（四）注意事项

1. 塔顶放空阀一定要打开。

2. 料液一定要加到设定液位 2/3 处方可打开加热管电源，否则塔釜液位过低会使电加热丝露出干烧致坏。

3. 部分回流时，进料泵电源开启前务必先打开进料阀，否则会损坏进料泵。

* 者为综合实训内容。

六、实验数据记录

实验装置号：__________　　　　　　　　　　　年　　　月　　　日

记录内容 时间	加热电压/V	加热电流/A	塔釜温度/℃	塔顶温度/℃	塔釜压力/MPa	冷凝水量/(L/h)	回流量/(L/h)	馏出液量/(L/h)	加料量/(L/h)

在全回流稳定的前提下用气相色谱测出塔顶、塔釜的乙醇浓度

a_D=__________；a_W=__________。

七、实验数据处理

$$x_D=\frac{\frac{a_D}{46}}{\frac{a_D}{46}+\frac{1-a_D}{18}},\quad x_W=\frac{\frac{a_W}{46}}{\frac{a_W}{46}+\frac{1-a_W}{18}}$$

将教材附录乙醇-水的 x-y 数据在坐标纸上描绘出乙醇-水的 x-y 曲线（见图 4-5-4）。

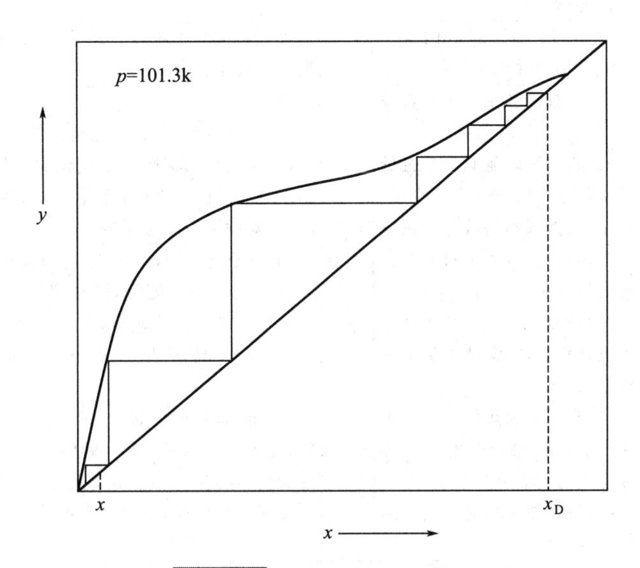

图 4-5-4　乙醇-水的 x-y 曲线

在平衡线与对角线 $y=x$ 之间，在 x_D，x_W 范围内作直角阶梯，通过数直角阶梯个数求出全回流条件下的最小理论塔板数。求出全塔效率。

$$E_T=N_T/N_P$$

八、思考题

1. 测定全回流和部分回流总板效率与单板效率时各需测几个参数？取样位置在何处？

全回流时测得板式塔上第 n、$n-1$ 层液相组成，如何求得 x_n^*？部分回流时，又如何求 x_n^*？

2. 在全回流时，测得板式塔上第 n、$n-1$ 层液相组成后，能否求出第层塔板上的以气相组成变化表示的单板效率？

3. 查取进料液的汽化潜热时定性温度取何值？

4. 若测得单板效率超过 100%，作何解释？

5. 试分析实验结果成功或失败的原因，提出改进意见。

九、精馏操作实训考核评分表

1＃、2＃装置

姓名：______、______、______实训装置号：______考核时间：______考核成绩：______

<table>
<tr><th>项目</th><th>考核内容</th><th>要求与完成情况(裁判可在对应的考核点上打√或×)</th><th>分值</th><th>评分标准及说明</th><th>得分</th></tr>
<tr><td rowspan="3">指出精馏流程与控制点并回答问题(15分)</td><td>气相流程</td><td>塔釜—筛孔—垂直穿过液层—除沫器—全凝器</td><td>5</td><td>每错、漏一项扣1分</td><td></td></tr>
<tr><td>液相流程</td><td>全凝器—回流管路—横向穿过塔板—降液管—塔釜
全凝器－馏出液管路－馏出液储槽</td><td>5</td><td>每错、漏一项扣1分</td><td></td></tr>
<tr><td>回答问题</td><td>现场从预先准备好的题目中随机抽题并当场作答</td><td>5</td><td>评分标准附于题目答案后。本大项限时15min，超时所答内容不记分</td><td></td></tr>
<tr><td>开车前的检查与准备(10分)</td><td>检查水源、电源及仪表、泵、阀门</td><td>(1)检查冷却水系统是否正常(1分)
(2)检查装置各阀门是否处于正常状态(2分)
(3)检查塔釜料液是否在适宜范围内，加料罐中料液是否充足(2分)
(4)检查电源、仪表是否处于正常状态，并保持正常工作状态(2分)
(5)检查电加热是否处于正常状态，检查完毕，电压调节旋钮调为0(2分)
(6)检查加料泵能否正常加料(1分)</td><td>10</td><td>(1)冷却水阀门(开)，保持流量约400L/h
(2)除将回流液阀门从关调到开外，装置上其余的阀门应处于关闭状态(对照装置口头说明)
(3)对照装置口头说明
(4)开总电源，仪表上电，检查电压表、电流表、塔釜压力表、塔釜、塔顶温度，塔釜液位控制是否处于正常状态，将“回流比调节转换”为“手动”
(5)打开电加热开关，检查“加热电压调节”旋钮是否正常
(6)将“流量调节转换”至“手动”，打开计前阀、计后阀，慢慢打开转子流量计阀门；检查完毕，关闭转子流量计阀门、计前阀、计后阀，将“流量调节转换”至“停”
每项都要检查，每漏一项扣1分</td><td></td></tr>
<tr><td>数据记录及分析操作(10分)</td><td>数据记录及分析</td><td>每5min记录一次数据，
数据记录涉及：时间、加热电压、电流、塔顶温度、塔釜温度、塔釜压力、回流液流量、馏出液流量、冷却水流量、加料流量</td><td>10</td><td>数据记录不及时、规范，发现一次扣1分；弄虚作假发现一次扣10分</td><td></td></tr>
<tr><td>开车与全回流操作至稳定(20分)</td><td>开车过程、全回流稳定的判断</td><td>旋转电加热器旋钮至加热位置，并调节电压在不超过180V的适宜范围内
规定时间内稳定操作：塔顶温度、回流流量和塔釜温度基本稳定；回流液组成基本稳定(事先已将塔釜预热至80～90℃)</td><td>20</td><td>考生判断稳定后，举手示意由裁判安排现场教师取样分析二次，间隔为5min
<table>
<tr><th>时间 / 得分 / Δc</th><th>$t\leqslant$ 40min</th><th>40min$<t\leqslant$50min</th><th>50min$<t\leqslant$60min</th></tr>
<tr><td>$\Delta c\leqslant 0.5\%$</td><td>20</td><td>14</td><td>8</td></tr>
<tr><td>$0.5\%<\Delta c\leqslant 0.8\%$</td><td>14</td><td>8</td><td>4</td></tr>
<tr><td>$0.8\%<\Delta c\leqslant 1.0\%$</td><td>8</td><td>4</td><td>2</td></tr>
<tr><td>$\Delta c>1.0\%$</td><td>0</td><td>0</td><td>0</td></tr>
</table>
说明：① 两实测浓度相差的绝对值为Δc
② 稳定超过60min不得分
③ 若$\Delta c\leqslant 1.000\%$，可进行部分回流操作
④ 若$\Delta c>1.000\%$，继续进行全回流，直到$\Delta c\leqslant 1.000\%$为止</td><td></td></tr>
</table>

续表

<table>
<tr><th>项目</th><th>考核内容</th><th>要求与完成情况(裁判可在对应的考核点上打√或×)</th><th>分值</th><th colspan="3">评分标准及说明</th><th>得分</th></tr>
<tr><td rowspan="11">部分回流操作与控制(30分)</td><td rowspan="11">加料步骤、馏出液浓度及体积</td><td rowspan="11">全回流稳定后方可进行部分回流操作,操作步骤:① 将“流量调节转换”至手动;② 打开计前阀、计后阀,慢慢打开转子流量计阀门,使加料流量为约(6±0.2)L/h;③ 打开液位控制电磁阀;④ 打开馏出液阀,使其有一定的流量,操作20min;⑤ 关闭馏出液阀;⑥ 关闭转子流量计阀门、计前阀、计后阀;⑦ 将“流量调节转换”至“停”,关闭液位控制电磁阀;⑧ 收集产品并计量</td><td rowspan="11">30</td><td colspan="3">① 操作步骤7分。操作步骤顺序错、漏每项均扣1分
② 操作质量与馏出液浓度体积23分。
a.(10分)裁判安排现场教师每隔5min分析一次馏出液浓度(共4次),要求馏出液浓度与全回流平均浓度差值的绝对值≤0.5%,不符合要求者,每一组扣2.5分
b.(13分)测定的4次浓度,最大值与最小值的差值为Δc,馏出液体积为V</td><td rowspan="11"></td></tr>
<tr><td>Δc</td><td>V</td><td>得分</td></tr>
<tr><td rowspan="2">Δc≤0.5%</td><td>≥220mL</td><td>13分</td></tr>
<tr><td><220mL</td><td>每少20mL扣2分</td></tr>
<tr><td rowspan="2">0.5<Δc≤0.8%</td><td>≥220mL</td><td>10分</td></tr>
<tr><td><220mL</td><td>每少20mL扣2分</td></tr>
<tr><td rowspan="2">0.8<Δc≤1.0%</td><td>≥220mL</td><td>7分</td></tr>
<tr><td><220mL</td><td>每少20mL扣2分</td></tr>
<tr><td rowspan="2">1.0%<Δc≤1.2%</td><td>≥220mL</td><td>4分</td></tr>
<tr><td><220mL</td><td>每少20mL扣2分</td></tr>
<tr><td>Δc>1.2%</td><td></td><td>0分</td></tr>
<tr><td rowspan="4">正常停车(10分)</td><td>停加热系统</td><td>先将加热器电压调为0,再关闭电加热开关</td><td>2</td><td colspan="3">顺序颠倒扣2分</td><td></td></tr>
<tr><td>卸料</td><td>当塔板上无液层时,将所有料液卸完并放入回收槽(除回流管路外),并关闭所有被打开的阀门</td><td>6</td><td colspan="3">料液洒在外面,扣2分,有一处料液未放完扣1分,有一处阀门未关扣1分,扣完为止</td><td></td></tr>
<tr><td>停水</td><td>关闭冷却水进口阀</td><td>1</td><td colspan="3"></td><td></td></tr>
<tr><td>断开电源</td><td>将“回流比调节转换”至“停”,关闭仪表上电,关总电源</td><td>1</td><td colspan="3"></td><td></td></tr>
<tr><td rowspan="4">文明操作(5分)</td><td rowspan="4">安全、文明操作,礼貌待人</td><td>穿着符合要求</td><td>1</td><td colspan="3" rowspan="4">发生事故扣5分;未正确使用设备、工具扣2分;其余裁判酌情扣分</td><td></td></tr>
<tr><td>正确使用操作设备、工具</td><td>2</td><td></td></tr>
<tr><td>保持现场环境整齐、清洁</td><td>1</td><td></td></tr>
<tr><td>服从裁判,尊重工作人员</td><td>1</td><td></td></tr>
</table>

3#～5#装置

姓名：______、______、______实训装置号：______考核时间：______考核成绩：__________

<table>
<tr><th>项目</th><th>考核内容</th><th>要求与完成情况(裁判可在对应的考核点上打√或×)</th><th>分值</th><th>评分标准及说明</th><th>得分</th></tr>
<tr><td rowspan="3">指出精馏流程与控制点并回答问题(15分)</td><td>气相流程</td><td>塔釜—筛孔—垂直穿过液层—除沫器—全凝器</td><td>5</td><td>每错、漏一项扣1分</td><td></td></tr>
<tr><td>液相流程</td><td>全凝器—回流管路—横向穿过塔板—降液管—塔釜
全凝器—馏出液管路—馏出储液槽</td><td>5</td><td>每错、漏一项扣1分</td><td></td></tr>
<tr><td>回答问题</td><td>现场从预先准备好的题目中随机抽题并当场作答</td><td>5</td><td>评分标准附于题目答案后。本大项限时15min,超时所答内容不记分</td><td></td></tr>
<tr><td>开车前的检查与准备(10分)</td><td>检查水源、电源及仪表、泵、阀门</td><td>① 检查冷却水系统是否正常(1分)
② 检查装置各阀门是否处于正常状态(2分)
③ 检查塔釜料液是否在适宜范围内,加料罐中料液是否充足(2分)
④ 检查电源、仪表是否处于正常状态,并保持正常工作状态(2分)
⑤ 检查电加热是否处于正常状态,检查完毕,电压调节旋钮调为0(2分)
⑥ 检查加料泵能否正常加料(1分)</td><td>10</td><td>① 冷却水阀门(开),保持流量约400L/h
② 除将回流液阀门从关调到开外,装置上其余的阀门应处于关闭状态(对照装置口头说明)
③ 对照装置口头说明
④ 开总电源,仪表上电,检查电压表、电流表、塔釜压力表,塔釜、塔顶温度,液位调节仪是否处于正常状态
⑤ 打开电加热开关,检查“加热电压调节”旋钮是否正常
⑥ 打开加料阀,启动加料泵,检查正常,停加料泵,关加料阀
每项都要检查,每漏、错一项扣1分</td><td></td></tr>
<tr><td>数据记录及分析操作(10分)</td><td>数据记录及分析</td><td>每5min记录一次数据,数据记录涉及:时间、加热电压、电流、塔顶温度、塔釜温度、塔釜压力、回流液流量、馏出液流量、冷却水流量</td><td>10</td><td>数据记录不及时、规范,发现一次扣1分;弄虚作假发现一次扣10分</td><td></td></tr>
<tr><td>开车与全回流操作至稳定(20分)</td><td>开车过程、全回流稳定的判断</td><td>旋转电加热器旋钮至加热位置,并调节电压在不超过200V的适宜范围内
规定时间内稳定操作:塔顶温度、回流流量和塔釜温度基本稳定;回流液组成基本稳定(事先已将塔釜预热至80～90℃)</td><td>20</td><td>考生判断稳定后,举手示意由裁判安排现场教师取样分析两次,间隔为5min。
<table><tr><th>时间 / 得分 / Δc</th><th>t≤40min</th><th>40min<t≤50min</th><th>50min<t≤60min</th></tr><tr><td>Δc≤0.5%</td><td>20</td><td>14</td><td>8</td></tr><tr><td>0.5%<Δc≤0.8%</td><td>14</td><td>8</td><td>4</td></tr><tr><td>0.8%<Δc≤1.0%</td><td>8</td><td>4</td><td>2</td></tr><tr><td>Δc>1.0%</td><td>0</td><td>0</td><td>0</td></tr></table>说明:① 两实测浓度相差的绝对值为Δc
② 稳定超过60min不得分
③ 若Δc≤1.000%,可进行部分回流操作
④ 若Δc>1.000%,继续进行全回流,直到Δc≤1.000%为止</td><td></td></tr>
</table>

续表

<table>
<tr><th>项目</th><th>考核内容</th><th>要求与完成情况(裁判可在对应的考核点上打√或×)</th><th>分值</th><th>评分标准及说明</th><th>得分</th></tr>
<tr><td>部分回流操作与控制(30分)</td><td>加料步骤、馏出液浓度及体积</td><td>全回流稳定后方可进行部分回流操作,操作步骤:① 打开加料阀;② 打开加料泵;③ 打开塔釜液位控制阀;④ 打开馏出液阀,使其有一定的流量,操作 20min;⑤ 关闭馏出液阀;⑥ 停加料泵,关塔釜液位控制阀;⑦关加料阀;⑧收集产品并计量</td><td>30</td><td>① 操作步骤 7 分。操作步骤顺序错、漏每项均扣 1 分
② 操作质量与馏出液浓度及体积 23 分
a.(10 分)裁判安排现场教师每隔 5min 分析一次馏出液浓度(共 4 次),要求馏出液浓度与全回流平均浓度差值的绝对值≤0.8%,不符合要求者,每一组扣 2.5 分
b.(13 分)测定的 4 次浓度,最大值与最小值的差值为 Δc,馏出液体积为 V
<table>
<tr><th>Δc</th><th>V</th><th>得分</th></tr>
<tr><td rowspan="2">$\Delta c\leqslant 0.8\%$</td><td>≥350mL</td><td>13</td></tr>
<tr><td><350mL</td><td>每少 20mL 扣 2 分</td></tr>
<tr><td rowspan="2">$0.8<\Delta c\leqslant 1.0\%$</td><td>≥350mL</td><td>10</td></tr>
<tr><td><350mL</td><td>每少 20mL 扣 2 分</td></tr>
<tr><td rowspan="2">$1.0<\Delta c\leqslant 1.2\%$</td><td>≥350mL</td><td>7</td></tr>
<tr><td><350mL</td><td>每少 20mL 扣 2 分</td></tr>
<tr><td rowspan="2">$1.2\%<\Delta c\leqslant 1.5\%$</td><td>≥350mL</td><td>4</td></tr>
<tr><td><350mL</td><td>每少 20mL 扣 2 分</td></tr>
<tr><td>$\Delta c>1.5\%$</td><td></td><td>0</td></tr>
</table></td><td></td></tr>
<tr><td rowspan="4">正常停车(10分)</td><td>停加热系统</td><td>先将加热器电压调为 0,再关闭电加热开关</td><td>2</td><td>顺序颠倒扣 2 分</td><td></td></tr>
<tr><td>卸料</td><td>当塔板上无液层时,将所有料液卸完并放入回收槽(除残液槽、回流管路外),并关闭所有被打开的阀门</td><td>6</td><td>料液洒在外面,扣 2 分,有一处料液未放完扣 1 分,有一处阀门未关扣 1 分,扣完为止</td><td></td></tr>
<tr><td>停水</td><td>关闭冷却水进口阀</td><td>1</td><td></td><td></td></tr>
<tr><td>断开电源</td><td>关闭仪表上电,关总电源</td><td>1</td><td></td><td></td></tr>
<tr><td rowspan="4">文明操作(5分)</td><td rowspan="4">安全、文明操作,礼貌待人</td><td>穿着符合要求</td><td>1</td><td rowspan="4">发生事故扣 5 分;未正确使用设备、工具扣 2 分;其余裁判酌情扣分</td><td></td></tr>
<tr><td>正确使用操作设备、工具</td><td>2</td><td></td></tr>
<tr><td>保持现场环境整齐、清洁</td><td>1</td><td></td></tr>
<tr><td>服从裁判,尊重工作人员</td><td>1</td><td></td></tr>
</table>

实验六　恒压过滤常数测定实验

一、实验目的

1. 熟悉板框压滤机的构造和操作方法;
2. 通过恒压过滤实验,验证过滤基本原理;
3. 学会测定过滤常数 K、q_e、τ_e 及压缩性指数 S 的方法;
4. 了解操作压力对过滤速度的影响;
5. 了解压力定值调节阀的工作原理和使用方法;

6. 学会化工原理实验软件库（VB 实验数据处理软件系统）的使用。

二、 实验原理

过滤是以某种多孔物质作为介质来处理悬浮液的操作。在外力的作用下，悬浮液中的液体通过介质的孔道而固体颗粒被截流下来，从而实现固液分离，因此，过滤操作本质上是流体通过固体颗粒床层的流动，所不同的是这个固体颗粒层的厚度随着过滤过程的进行而不断增加，故在恒压过滤操作中，其过滤速率不断降低。

影响过滤速度的主要因素除压强差 Δp、滤饼厚度 L 外，还有滤饼和悬浮液的性质、悬浮液温度、过滤介质的阻力等，故难以用流体力学的方法处理。

比较过滤过程与流体经过固定床的流动可知：过滤速度即为流体通过固定床的表观速度 u。同时，流体在细小颗粒构成的滤饼空隙中的流动属于低雷诺数范围，因此，可利用流体通过固定床压降的简化模型，寻求滤液量与时间的关系，运用层流时泊肃叶公式不难推导出过滤速度计算式：

$$u=\frac{1}{K'}\times\frac{\varepsilon^3}{a^2(1-\varepsilon)^2}\times\frac{\Delta\rho}{\mu L} \tag{4-6-1}$$

式中 u—— 过滤速度，m/s；

K'—— 康采尼常数，层流时，$K'=5.0$；

ε—— 床层的空隙率，m^3/m^3；

a—— 颗粒的比表面积，m^2/m^3；

Δp—— 过滤的压强差，Pa；

μ—— 滤液的黏度，Pa・s；

L—— 床层厚度，m。

由此可导出过滤基本方程式为

$$\frac{dV}{d\tau}=\frac{A^2\Delta p^{1-s}}{\mu r' v(V+V_e)} \tag{4-6-2}$$

式中 V—— 滤液体积，m^3；

τ—— 过滤时间，s；

A—— 过滤面积，m^2；

s—— 滤饼压缩性指数，无量纲，一般情况下 $s=0\sim1$，对不可压缩滤饼 $s=0$；

r—— 滤饼比阻，$1/m^2$，$r=5.0a^2(1-\varepsilon)^2/\varepsilon^3$；

r'—— 单位压差下的比阻，$1/m^2$，$r=r'\Delta p^s$；

v—— 滤饼体积与相应滤液体积之比，无量纲；

V_e—— 虚拟滤液体积，m^3。

恒压过滤时，令 $k=1/\mu r'v$，$K=2k\Delta p^{(1-s)}$，$q=V/A$，$q_e=V_e/A$ 对式(4-6-2) 积分可得

$$(q+q_e)^2=K(\tau+\tau_e) \tag{4-6-3}$$

式中 q——单位过滤面积的滤液体积，m^3/m^2；

q_e——单位过滤面积的虚拟滤液体积，m^3/m^2；

τ_e——虚拟过滤时间，s；

K——滤饼常数，由物料特性及过滤压差所决定，m^2/s。

K，q_e，τ_e 三者总称为过滤常数。利用恒压过滤方程进行计算时，必须首先需要知道 K，q_e，τ_e，它们只有通过实验才能确定。

对式（4-6-3）微分可得

$$\left.\begin{aligned}2(q+q_e)\mathrm{d}q=K\mathrm{d}\tau\\ \frac{\mathrm{d}\tau}{\mathrm{d}q}=\frac{1}{K}q+\frac{2}{K}q_e\end{aligned}\right\}\tag{4-6-4}$$

该式表明以$\frac{\mathrm{d}\tau}{\mathrm{d}q}$为纵坐标，以 q 为横坐标作图可得一直线，直线斜率为 $1/K$，截距为 $2q_e/K$。在实验测定中，为便于计算，可用$\frac{\Delta\tau}{\Delta q}$替代$\frac{\mathrm{d}\tau}{\mathrm{d}q}$，把式（4-6-4）改写成

$$\frac{\Delta\tau}{\Delta q}=\frac{1}{K}q+\frac{2}{K}q_e\tag{4-6-5}$$

在恒压条件下，用秒表和量筒分别测定一系列时间间隔 $\Delta\tau_i(i=1，2，3\cdots)$及对应的滤液体积 $\Delta V_i(i=1，2，3\cdots)$，也可采用计算机软件自动采集一系列时间间隔 $\Delta\tau_i(i=1，2，3\cdots)$及对应的滤液体积 $\Delta V_i(i=1，2，3\cdots)$，由此算出一系列 $\Delta\tau_i$，Δq_i，q_i 在直角坐标系中绘制$\frac{\Delta\tau}{\Delta q}$-$q$ 的函数关系，得一直线。有直线的斜率便可求出 K 和 q_e，再根据 $\tau_e=q_e^2/K$，求出 τ_e。

改变实验所用的过滤压差 Δp，可测得不同的 K 值，由 K 的定义式两边取对数得

$$\lg K=(1-s)\lg(\Delta p)+\lg(2k)\tag{4-6-6}$$

在实验压差范围内，若 k 为常数，则 $\lg K$-$\lg(\Delta p)$的关系在直角坐标上应是一条直线，直线的斜率为$(1-s)$，可得滤饼压缩性指数 s，由截距可得物料特性常数。

三、实验装置及流程

本实验装置由空压机、配料槽、压力储槽、板框过滤机和压力定值调节阀等组成。其实验流程如图 4-6-1 所示。$CaCO_3$ 的悬浮液在配料桶内配置一定浓度后利用位差送入压力储槽中，用压缩空气加以搅拌使 $CaCO_3$ 不致沉降，同时利用压缩空气的压力将料浆送入板框过滤机过滤，滤液流入量筒或滤液量自动测量仪计量。

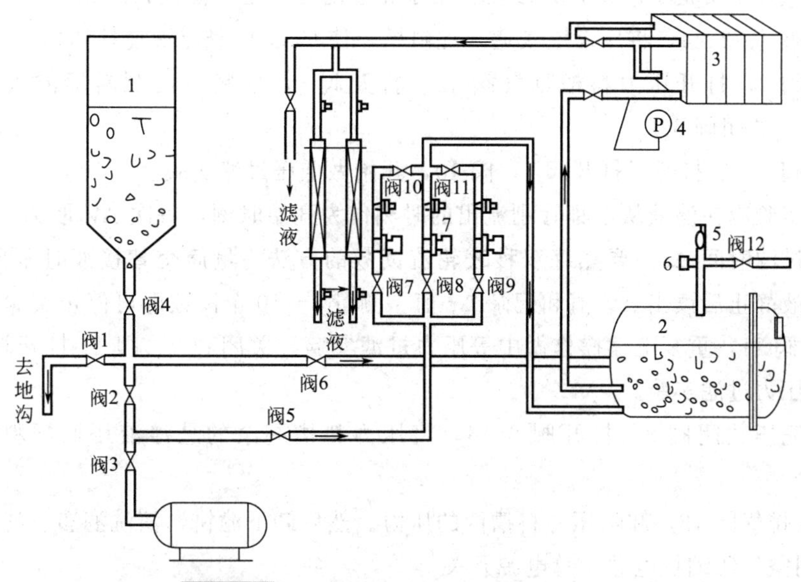

图 4-6-1 恒压过滤常数测定实验装置及流程

1—配料槽；2—压力储槽；3—板框过滤机；4—压力表；5—安全阀；6—压力变送器；7—压力定值调节阀

板框过滤机的结构尺寸如下：框厚度 25mm，每个框过滤面积 $0.024m^2$，框数 2 个。

空气压缩机规格型号为：2VS-0.08/7，风量 $0.08m^3/min$，最大气压为 0.7MPa。

四、安全操作规程

1.参加实验前要先预习，掌握实验原理和实验步骤及注意事项。

2.实验过程中要听从指导老师的安排，遵守操作规程，严禁用湿手触摸电器开关。

3.用丝杆压紧滤布时，手应压紧滤框外边缘处的滤布，避免伤手。

4.将压缩空气通入配料槽搅拌 $CaCO_3$ 悬浮液时，应慢慢打开阀门，以免压力太大致使悬浮液冲开配料槽顶盖，发生危险。

5.压力定值调节阀的顺序不能搞错，压力设定顺序为 1＃低压，3＃高压，2＃中压。否则压力定值调节阀会漏气。

6.实验完毕，将压力料槽剩余的悬浮液压回配料槽时，类似操作规程 4，同样要慢慢打开阀门。

7.卸下滤饼前，必须先卸除压力料槽内的压力，否则在压力差作用下悬浮液会从滤框与滤饼之间喷出。

8.实验结束后，关闭电源、门窗，打扫好卫生，并得到指导老师许可方可离开。

五、实验步骤及注意事项

（一）实验步骤

1.配制含 $CaCO_3$ 8％～13％(质量分数)的水悬浮液。

2.熟悉实验装置流程。

3.开启空气压缩机。

4.正确装好滤板、滤框及滤布。滤布使用前先用水浸湿。滤布要绑紧，不能起皱(用丝杆压紧时，千万不要把手压伤，先慢慢转动手轮使滤框合上，然后再压紧)。

5.打开阀 3、2、4，将压缩空气通入配料槽，使 $CaCO_3$ 悬浮液搅拌均匀。

6.关闭阀 2，打开压力料槽排气阀 12，打开阀 6，使料浆由配料桶流入压力料槽至 1/2～2/3 处，关闭阀 6。

7.打开阀 5，后打开，打开阀 7、阀 10，开始做低压过滤实验。

8.每次实验应在滤液从汇集管刚流出的时刻作为开始时刻，每次 ΔV 取为 800mL 左右，记录相应的过滤时间 $\Delta\tau$。要熟练双秒表轮流读数的方法。量筒交替接液时不要流失滤液。等量筒内滤液静止后读出 ΔV 值和记录 $\Delta\tau$ 值。测量 8～10 个读数即可停止实验。关闭阀 7、阀 10，打开阀 11，重复上述操作做中等压力过滤实验。关闭阀 9、阀 11 打开阀 8，重复上述操作做高压力过滤实验。

9.实验完毕关闭阀 8，打开阀 6、4，将压力料槽剩余的悬浮液压回配料桶，关闭阀 4、6。

10.打开排气阀 12，卸除压力料槽内的压力。然后卸下滤饼，清洗滤布、滤框及滤板。

11.关闭空气压缩机电源、总电源开关。

（二）注意事项

滤饼、滤液要全部回收到配料桶。

六、实验数据记录

实验装置号：__________过滤面积：0.048m²　　　　　　年　　　月　　　日

压力 p_1=		压力 p_2=		压力 p_3=	
时间	流量/(L/h)	时间	流量/(L/h)	时间	流量/(L/h)

七、实验数据处理

1.计算过滤常数

压力 p_1=		压力 p_2=		压力 p_3=	
$\frac{\Delta\tau}{\Delta q}$	q	$\frac{\Delta\tau}{\Delta q}$	q	$\frac{\Delta\tau}{\Delta q}$	q

以低压数据为例：

在坐标纸上作$\frac{\Delta\tau}{\Delta q}$-$q$ 的函数关系，得一直线。由直线的斜率为 $1/K$，截距为 $2q_e/K$ 便可求出 K 和 q_e，再根据 $\tau_e=q_e^2/K$，求出 τ_e。

同理求出中、高压的数据，并列表：

项目	压力 p_1=	压力 p_2=	压力 p_3=
K			
q_e			
τ_e			

2. 在坐标纸上绘制 $\lg K$-$\lg(\Delta p)$关系曲线，求出 s 及 K，$\lg K$-$\lg(\Delta p)$的关系在直角坐标上应是一条直线，直线的斜率为$(1-s)$，可得滤饼压缩性指数 s，由截距 $\lg(2k)$可得物料特性常数。

3. 比较几种压差下的 K、q_e、τ_e 值，讨论压差变化对以上参数数值的影响。

八、思考题

1. 当操作压强增加一倍，其 K 值是否也增加一倍？要得到同样的过滤液，其过滤时间是否缩短了一半？

2. 影响过滤速率的主要因素有哪些？

3. 滤浆浓度和操作压强对过滤常数 K 值有何影响？

4. 为什么过滤开始时，滤液常常有点浑浊，而过段时间后才变清？

实验七 数字化洞道干燥实验

一、实验目的

1. 熟悉常压洞道式(厢式)干燥器的构造和操作；

2. 测定在恒定干燥条件(即热空气温度、湿度、流速不变，物料与气流的接触方式不变)下的湿物料干燥曲线和干燥速率曲线；

3. 测定该物料的临界湿含量 X_0；

4. 学会有关测量和控制仪表的使用方法；

5. 学会化工原理实验软件库(组态软件 MCGS 和 VB 实验数据处理软件系统)的使用。

二、实验原理

单位时间被干燥物料的单位表面上除去的水分量称为干燥速率，即

$$u=\frac{-G_C dX}{A d\tau}=\frac{dW}{A d\tau}\ [kg/(m^2 \cdot s)] \tag{4-7-1}$$

式中，G_C 为湿物料中的干物料的质量，kg；X 为湿物料的干基含水量，kg 水/kg 干料；A 为干燥面积，m^2；dW 为湿物料被干燥掉的水分，kg；$d\tau$ 为干燥时间，s。

当湿物料和热空气接触时，被预热升温并开始干燥，在恒定干燥条件下，若水分在表面的汽化速率小于或等于从物料内层向表面层迁移的速率时，物料表面仍被水分完全润湿，干燥速率保持不变，称为等速干燥阶段或表面汽化控制阶段。

当物料的含水量降至临界湿含量以下时，物料表面仅部分润湿，且物料内部水分向表层的迁移速率又低于水分在物料表面的汽化速率时，干燥速率就不断下降，称为降速干燥阶段或内部扩散阶段。

三、实验装置及流程

1. 装置及流程

空气用风机送入电加热器，经加热的空气流入干燥室，加热干燥室中的湿毛毡后，经排出管道排入大气中。随着干燥过程的进行，物料失去的水分量由质量传感器和智能数显仪表记录下来。实验装置及流程如图 4-7-1 所示。

2. 主要设备及仪器

① 鼓风机：BYF7122，370W。

② 电加热器：4kW。

③ 干燥室：180mm×180mm×1250mm。

④ 干燥物料：湿油毡。

⑤ 电子天平：YB-600 型。

⑥ 涡轮流量计：LWGQ-50AP。

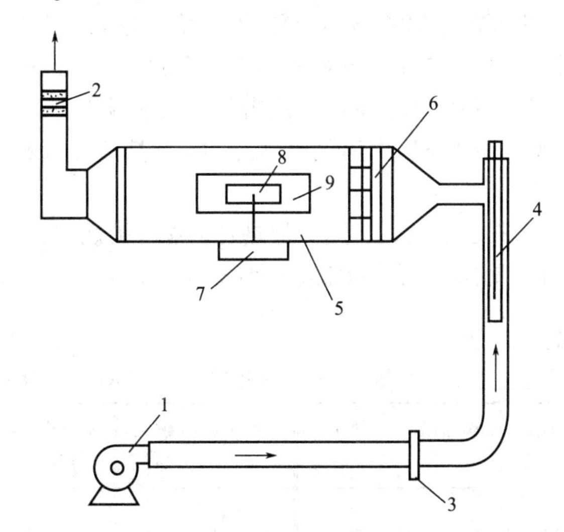

图 4-7-1 干燥实验装置及流程

1—风机；2—蝶阀；3—涡轮流量计；4—电加热器；5—厢式干燥器；
6—气流均布器；7—电子天平；8—湿毛毡；9—玻璃视镜门

四、安全操作规程

1. 参加实验前要先预习，掌握实验原理和实验步骤及注意事项。

2. 实验过程中要听从指导老师的安排，遵守操作规程，严禁用湿手触摸电器开关。

3. 开车前先开风机；天平使用前请先调零。

4. 毛毡沾湿后不能有水滴。放置天平上要轻拿轻放，其质量不得超过 200g。不得用手按天平托盘。

5. 实验过程中，切勿摇动实验装置。其一影响实验结果，其二会使数据线脱落。

6. 实验开始后，若无紧要情况请勿打开玻璃视镜。

7. 通过蝶阀排出的热气体温度在 70℃左右。实验过程中，请勿将随身携带的物品放置在热气排出口；同时注意自身安全，不用手在出口处试温。

8. 远离风机背面的旋转叶轮，防止物件搅进叶轮。

9. 实验结束后，关闭电源和水源、门窗，打扫好卫生。

五、实验步骤与注意事项

（一）手动操作

1. 开启风机。

2. 打开仪控柜电源开关，加热器通电加热，干燥室温度(干球温度)要求恒定在 70℃。

3. 将毛毡浸入一定量的水并使其润湿均匀，注意水量不能过多或过少。

4. 当干燥室温度恒定在 70℃时，将湿毛毡十分小心地放置于电子天平秤杆上。注意不能用力下压，质量传感器的负荷仅为200g，超重质量传感器会被损坏。

5.记录时间和脱水量，每1min记录一次数据；每5min记录一次干球温度和湿球温度。

6.待油毡恒重时，即为实验终了时，关闭仪表电源，十分小心地取下毛毡。

7.关闭风机，切断总电源，清扫实验现场。

（二）数据自动采集

开启计算机，双击桌面的“MCGS运行环境”，确认进入，点击“干燥速率曲线测定实验”，待达到实验条件要求后，点击“开始实验”。“MCGS运行环境”会每2min自动记录干燥室仪表面板上的数据。在实验结束时，点击“退出实验”。打开桌面上“干燥实验数据处理”，在看到的“干燥_MCGS”中用鼠标单击，就可打开自动采集的数据进行处理了。

（三）注意事项

1.必须先开风机，后开加热器，否则，加热管可能会被烧坏。

2.电子天平的负荷量仅为200g，放取毛毡时必须十分小心，以免损坏电子天平。

六、实验数据记录

实验装置号：__________；湿毛毡 1# （干燥面积 13cm×8.5cm×2，绝干质量____g）

时间/min	湿毛毡质量/g	干球温度/℃	湿球温度/℃	风量/(m^3/h)	时间/min	湿毛毡质量/g	干球温度/℃	湿球温度/℃	风量/(m^3/h)
1					24				
2					25				
3					26				
4					27				
5					28				
6					29				
7					30				
8					31				
9					32				
10					33				
11					34				
12					35				
13					36				
14					37				
15					38				
16					39				
17					40				
18					41				
19					42				
20					43				
21					44				
22					45				
23					46				

续表

时间/min	湿毛毡质量/g	干球温度/℃	湿球温度/℃	风量/(m^3/h)	时间/min	湿毛毡质量/g	干球温度/℃	湿球温度/℃	风量/(m^3/h)
47					62				
48					63				
49					64				
50					65				
51					66				
52					67				
53					68				
54					69				
55					70				
56					71				
57					72				
58					73				
59					74				
60					75				
61					76				

七、实验数据处理

求得一定时间(间隔为2～3min)的物料湿含量：

$$X=\frac{\text{湿毛毡质量}-\text{绝干物料质量}}{\text{绝干物料质量}}$$

干燥速率

$$u=\frac{\text{毛毡失水量}}{\text{干燥面积}\times\text{干燥时间}}=\frac{\text{前一时刻湿毛毡质量}-\text{后一时刻湿毛毡质量}}{13\times8.5\times2\times10^{-4}\times\Delta\tau}$$

计算数据，并列表：

时间/min	毛毡失水量/g	物料湿含量 X	干燥速率/[g水/(m^2·s)]	时间/min	毛毡失水量/g	物料湿含量 X	干燥速率/[g水/(m^2·s)]
1							
3(4)							
…							

续表

时间/min	毛毡失水量/g	物料湿含量 X	干燥速率/[g 水/(m^2·s)]	时间/min	毛毡失水量/g	物料湿含量 X	干燥速率/[g 水/(m^2·s)]

根据表中数据在坐标纸上分别作出干燥曲线(X-τ 曲线)和干燥速率曲线(u-X 曲线)。在干燥速率曲线上读取物料的临界湿含量(X^*)。

八、思考题

1. 油毡含水是什么性质的水分?
2. 实验过程中干、湿球温度计是否变化?为什么?
3. 恒定干燥条件是指什么?
4. 如何判断实验已经结束?

实验八　萃取实验

一、实验目的

1. 熟悉转盘式萃取塔的结构、流程及各部件的结构作用;
2. 了解萃取塔的正确操作;
3. 测定转速、处理量、塔高等对分离提纯效果的影响,并计算出传质单元高度。

二、实验原理

萃取是分离混合液体的一种方法,它是一种弥补精馏操作无法实现分离的方法,特别适用于稀有分散昂贵金属的冶炼和高沸点多组分分离,它是依据液体混合物各组分在溶剂中溶解度的差异而实现分离的。但是,萃取单元操作得不到高纯物质,它只是将难以分离的混合液转化为容易分离的混合液,增加了分离设备和途径,导致成本提高。所以,经济效益是评价萃取单元操作成功与否的标准。

(一)萃取塔的操作特点

1. 分散相的选择

① 容易分散的一相为分散相:在现实操作过程中,很易转相,为了避免此类情况发生,宜选择容易分散的一相为分散相。

② 不易润湿材质的一相作为分散相:对某些没有外加能量的萃取设备,像填料塔和筛板塔等,使连续相优先润湿塔器内壁,对萃取效率的提高相当重要。

③ 根据界面张力理论:由于界面张力变化对传质面积影响很大,对于正系统$\frac{d\sigma}{dx}>0$,传质方向如图 4-8-1 所示,此时的液滴稳定性较差,容易破碎,而液膜的稳定性较好,液滴不易合并,所形成的液滴平均直径较小,相际接触表面较大。

④ 黏度大的、含放射性的、成本高的、易燃易爆的物料选为分散相。本次实验所选用

的物系是清水萃取煤油中的苯甲酸，它正好符合上面四项依据，因此选油相为分散相。

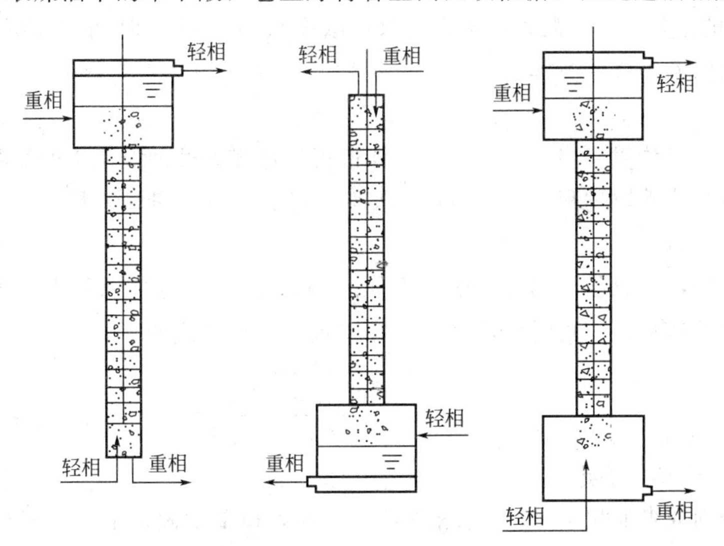

图 4-8-1　分散相分层分离空间位置

2. 外加能量的大小

外加能量的目的是使一相形成适宜尺寸的液滴，因为液滴的尺寸不仅关系到相际接触面积，而且影响传质系数和塔的流通量。所以外加能量有它有利的一面和不利的一面。

有利：① 增加液-液传质面积；

② 增加液-液传质系数。

不利：① 返混增加，传质推动力下降；

② 液滴太小，内循环消失，传质系数下降；

③ 容易发生液泛，通量下降。

基于以上两方面考虑，外加能量要适度。

3. 液泛

（1）定义　当连续相速度增加、分散相速度下降或外加能量增加，此时分散相上升或下降速度为零，对应的连续相速度即为液泛速度。

（2）影响液泛的因素

① 与外加能量太大有关，外加能量指振幅和振动频率。

② 与通量和系统的物性有关，系统的物性主要指 ρ（密度）、μ（黏度）、σ（界面张力）。

（二）萃取塔的操作与控制

1. 开车

若选择重相为连续相，分层分离空间在塔顶，先灌满重相；若选择轻相为连续相，分层分离空间在塔底，先灌满轻相。换句话说，先灌满连续相，再开分散相。

2. 物料衡算

维持分相界面恒定，可以达到总物料的平衡；操作中利用 Π 管来控制总物料平衡。

3. 达到稳定操作的时间

稳定时间＝3×替代时间(一般需 20min)

（三）萃取设备内的传质效果

影响萃取传质效果的因素不外乎和吸收一样，有操作因素和设备因素。

1. 操作因素

S（萃取剂的量）、X_S（混合物系中萃取剂浓度）、T（停留时间），溶剂比（相比）与吸收相比对传质的影响力度略差些。

2. 设备因素

分散相的选择对传质相当重要，应综合评价再作选择。外加能量中的振幅和振动频率的大小，对于某一具体萃取过程，一般应通过实验寻找合适的能量输入量。

（四）油流量校正

本实验装置中，油流量计的转子密度为 $\rho_{转子}$（kg/m^3）；操作温度下，查取水、油的密度，根据流量计的读数 $q_{V油}$ 可计算出油的实际流量。计算公式如下：

$$q_{油}=q_{V油}\sqrt{\frac{\rho_{水}(\rho_{转子}-\rho_{油})}{\rho_{油}(\rho_{转子}-\rho_{水})}}$$

（五）实验各样品的测定

用移液管分别取煤油相 10mL、水相 25mL 样品，以酚酞做指示剂，用 0.01mol/L 左右 NaOH 标准液滴定样品中的苯甲酸。在滴定煤油相时应在样品中加数滴非离子型表面活性剂醚磺化 AES(脂肪醇聚乙烯醚硫酸酯钠盐)，也可加入其他类型的非离子型表面活性剂，并激烈地摇动滴定至终点。计算公式如下。

油相中苯甲酸的浓度：$X=\dfrac{V_{NaOH}\times N_{NaOH}\times M_{苯甲酸}}{10\times 800}$（kg 苯甲酸/kg 煤油）

式中，V_{NaOH} 为 NaOH 的体积，L；N_{NaOH} 为 NaOH 的摩尔浓度，mol/L；$M_{苯甲酸}$ 为苯甲酸的摩尔质量，kg/mol。

水相中苯甲酸的浓度：$Y=\dfrac{V_{NaOH}\times N_{NaOH}\times M_{苯甲酸}}{25\times 800}$（kg 苯甲酸/kg 水）

三、实验装置及流程

1. 装置及流程

实验装置及流程如图 4-8-2 所示。萃取塔为桨叶式旋转萃取塔。塔身为硬质硼硅酸盐玻璃管，塔顶和塔底的玻璃管端扩口处，分别通过增强酚醛压塑法兰、橡皮圈、橡胶垫片与不锈钢法兰连接。塔内有 16 个环形隔板将塔分为 15 段，相邻两隔板的间距为 40mm，每段的中部位置各有在同轴上安装的由 3 片桨叶组成的搅动装置。搅拌转动轴的底端有轴承，顶端亦经轴承穿出塔外与安装在塔顶上的电机主轴相连。电动机为直流电动机，通过调压变压器改变电机电枢电压的方法作无级变速。操作时的转速由指示仪表给出相应的电压。在塔的下部和上部轻重两相的入口管分别在塔内向上或向下延伸约 200mm，分别形成两个分离段，轻重两相将在分离段内分离。萃取塔的有效高度 H 则为轻相入口管管口到两相界面之间的距离。

2. 主要设备

主要设备的技术数据为：塔内径 100mm，塔身高 2000mm。

四、安全操作规程

1. 参加实验前要先预习，掌握实验原理和实验步骤及注意事项。
2. 实验过程中要听从指导老师的安排，遵守操作规程，严禁用湿手触摸电器开关。

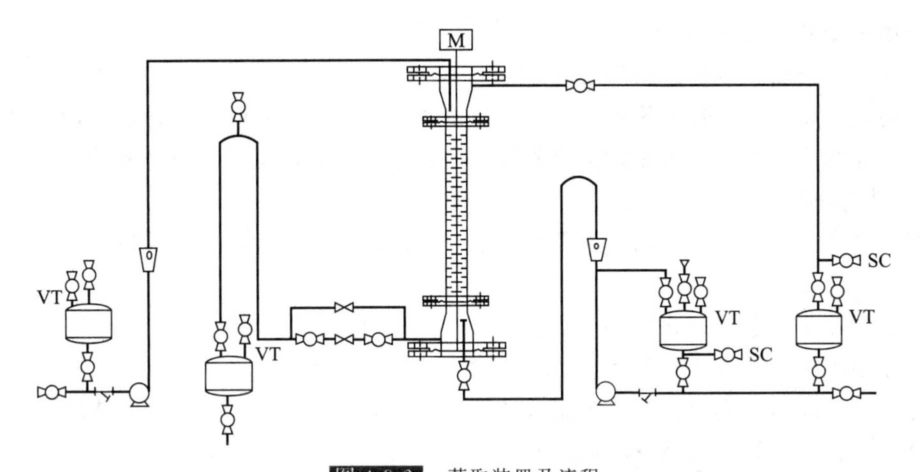

图 4-8-2 萃取装置及流程

M—电动机；SC—蒸汽凝液；VT—放空

3.调节桨叶转速时一定要小心谨慎，慢慢地升速，千万不能增速过猛使电动机产生“飞转”损坏设备。最高转速机械上可达 600r/min。从流体力学性能考虑，若转速太高，容易液泛，操作不稳定。对于煤油-水-苯甲酸物系，建议在 500r/min 以下操作。

五、实验步骤及注意事项

（一）实验步骤

本实验以水为萃取剂，从煤油中萃取苯甲酸。水相为萃取相(用字母 S 表示，本实验又称连续相、重相)。煤油相为萃余相(用字母 B 表示，本实验中又称分散相、轻相)。轻相入口处，苯甲酸在煤油中的浓度应保持在 0.0015～0.0020(kg 苯甲酸/kg 煤油)之间为宜。轻相由塔底进入，作为分散相向上流动，经塔顶分离段分离后由塔顶流出；重相由塔顶进入作为连续相向下流动至塔底经 Π 形管流出；轻重两相在塔内呈逆向流动。在萃取过程中，苯甲酸部分地从萃余相转移至萃取相。萃取相及萃余相进出口浓度由滴定分析法测定。考虑水与煤油是完全不互溶的，且苯甲酸在两相中的浓度都很低，可认为在萃取过程中两相液体的体积流量不发生变化。

1.在实验装置最左边的储槽内放满水，在最右边的储槽内放满配制好的轻相入口煤油，分别开动水相和煤油相送液泵的电闸，将两相的回流阀打开，使其循环流动。

2.全开水转子流量计调节阀，将重相(连续相)送入塔内。当塔内水面快上升到重相入口与轻相出口间中点时，将水流量调至指定值(20～40L/h 左右)，并缓慢改变萃取液出口阀开度使塔内液位稳定在重相入口与轻相出口之间中点左右的位置上。

3.将调速装置的旋钮调至零位，然后接通电源，开动电动机并调至某一固定的转速。调速时应小心谨慎，慢慢地升速，绝不能调节过量致使电动机产尘“飞转”而损坏设备。

4.将轻相(分散相)流量调至指定值(20～40L/h 左右)，并注意及时调节萃取液出口阀开度。在实验过程中，始终保持塔顶分离段两相的相界面位于重相入口与轻相出口之间中点左右。

5.在操作过程中，要绝对避免塔顶的两相界面过高或过低。若两相界面过高，到达轻相出口的高度，则将会导致重相混入轻相储罐。

6.操作稳定半小时后用锥形瓶收集轻相进、出口的样品，重相出口样品备分析浓度之用。

7.取样后，即可调节电压改变桨叶的转速(电压与转速的关系见设备附表)，其他条件不变，进行第二个实验点的测试。

8. 用滴定分析法测定各样品的浓度。

9. 实验完毕后，关闭两相流量计。将调速器调至零位，使桨叶停止转动，切断电源。滴定分析过的煤油应集中存放回收。洗净分析仪器，一切复原，保持实验台面的整洁。

（二）注意事项

1. 在整个实验过程中，塔顶两相界面一定要控制在轻相出口和重相入口之间适中位置并保持不变。

2. 由于分散相和连续相在塔顶、底滞留很大，改变操作条件后，稳定时间一定要足够长，大约要用半小时，否则误差极大。

3. 煤油的实际体积流量并不等于流量计的读数。需用煤油的实际流量数值时，必须用流量修正公式对流量计的读数进行修正后方可使用。

4. 煤油流量不要太小或太大，太小会使煤油出口的苯甲酸浓度太低，从而导致分析误差较大；太大会使煤油消耗增加。

六、实验数据记录及数据处理

装置编号：__________

<table>
<tr><td colspan="5">塔型:桨叶式搅拌萃取塔</td><td colspan="4">塔内径:100mm</td></tr>
<tr><td colspan="3">溶质 A:苯甲酸</td><td colspan="2">稀释剂 B:煤油</td><td colspan="4">萃取剂 S:水</td></tr>
<tr><td colspan="3">连续相:水</td><td colspan="2">分散相:煤油</td><td colspan="4">重相密度:__________</td></tr>
<tr><td colspan="5">轻相密度:__________</td><td colspan="4">流量计转子密度:7900kg/m^3</td></tr>
<tr><td colspan="5">塔的有效高度:1.2m</td><td colspan="4">塔内温度:__________</td></tr>
<tr><td colspan="3">桨叶转速/(r/min)</td><td></td><td></td><td></td><td></td><td></td><td></td></tr>
<tr><td colspan="3">水转子流量计流量/(L/h)</td><td></td><td></td><td></td><td></td><td></td><td></td></tr>
<tr><td colspan="3">煤油转子流量计流量/(L/h)</td><td></td><td></td><td></td><td></td><td></td><td></td></tr>
<tr><td colspan="3">校正得到的煤油流量/(L/h)</td><td></td><td></td><td></td><td></td><td></td><td></td></tr>
<tr><td rowspan="7">浓度分析</td><td colspan="2">NaOH 溶液浓度/(mol/L)</td><td></td><td></td><td></td><td></td><td></td><td></td></tr>
<tr><td rowspan="2">塔底轻相 X_b</td><td>样品体积/mL</td><td></td><td></td><td></td><td></td><td></td><td></td></tr>
<tr><td>NaOH 用量/mL</td><td></td><td></td><td></td><td></td><td></td><td></td></tr>
<tr><td rowspan="2">塔顶轻相 X_t</td><td>样品体积/mL</td><td></td><td></td><td></td><td></td><td></td><td></td></tr>
<tr><td>NaOH 用量/mL</td><td></td><td></td><td></td><td></td><td></td><td></td></tr>
<tr><td rowspan="2">塔底重相 Y_b</td><td>样品体积/mL</td><td></td><td></td><td></td><td></td><td></td><td></td></tr>
<tr><td>NaOH 用量/mL</td><td></td><td></td><td></td><td></td><td></td><td></td></tr>
<tr><td rowspan="5">计算及实验结果</td><td colspan="2">塔底轻相浓度 X_b/(kgA/kgB)</td><td></td><td></td><td></td><td></td><td></td><td></td></tr>
<tr><td colspan="2">塔顶轻相浓度 X_t/(kgA/kgB)</td><td></td><td></td><td></td><td></td><td></td><td></td></tr>
<tr><td colspan="2">塔底重相浓度 Y_b/(kgA/kgS)</td><td></td><td></td><td></td><td></td><td></td><td></td></tr>
<tr><td colspan="2">水流量/(kgS/h)</td><td></td><td></td><td></td><td></td><td></td><td></td></tr>
<tr><td colspan="2">煤油流量/(kgB/h)</td><td></td><td></td><td></td><td></td><td></td><td></td></tr>
</table>

七、实验结果

1.将原始数据列表。

2.计算不同转速和流量下的相组成，列出计算结果，并以一种转速和流量为例写出详细计算过程。

3.据实验结果分析外加能量(转速)对萃取的影响。

八、思考题

1.液液萃取设备、汽液传质设备有何主要区别?

2.本实验为什么不宜用水作分散相，倘若用水作分散相操作步骤是怎样的，两相分层分离段应设在塔底还是塔顶?

3.重相出口为什么采用Ⅱ形管，Ⅱ形管的高度是怎么确定的?

4.什么是萃取塔的液泛，在操作中，你是怎么确定液泛速度的?

5.对于液液萃取过程来说是否外加能量越大越有利?

九、附加说明

由苯甲酸与 NaOH 的化学反应式

$$C_6H_5COOH + NaOH = C_6H_5COONa + H_2O$$

可知，到达滴定终点(化学计量点)时，被滴物质的摩尔数 $n_{C_6H_5COOH}$ 和滴定剂的物质的量 n_{NaOH} 正好相等。即

$$n_{C_6H_5COOH} = n_{NaOH} = M_{NaOH}V_{NaOH}$$

式中 M_{NaOH}——NaOH 溶液的体积摩尔浓度，mol 溶质/mL 溶液；

V_{NaOH}——NaOH 溶液的体积，mL。

实验九　管路拆装实训

一、实训目的

1.认识化工管路的组成；

2.掌握常用工具的使用方法；

3.熟悉可拆式组装管路的安装过程并掌握其安装技术；

4.掌握流体输送机械开、停车的操作技术，流量调节的技能；

5.能正确分析故障产生的原因并掌握如何防止和排除故障的方法。

二、管路在化工生产中的应用

如合成氨生产工艺流程(见图 4-9-1)和接触法制硫酸生产工艺流程(见图 4-9-2)。

三、安装总体要求

1.管路安装

管路的安装应保证横平竖直，水平管其偏差不大于 15mm/10m，但其全长不能大于 50mm。垂直管偏差不能大于 10mm。

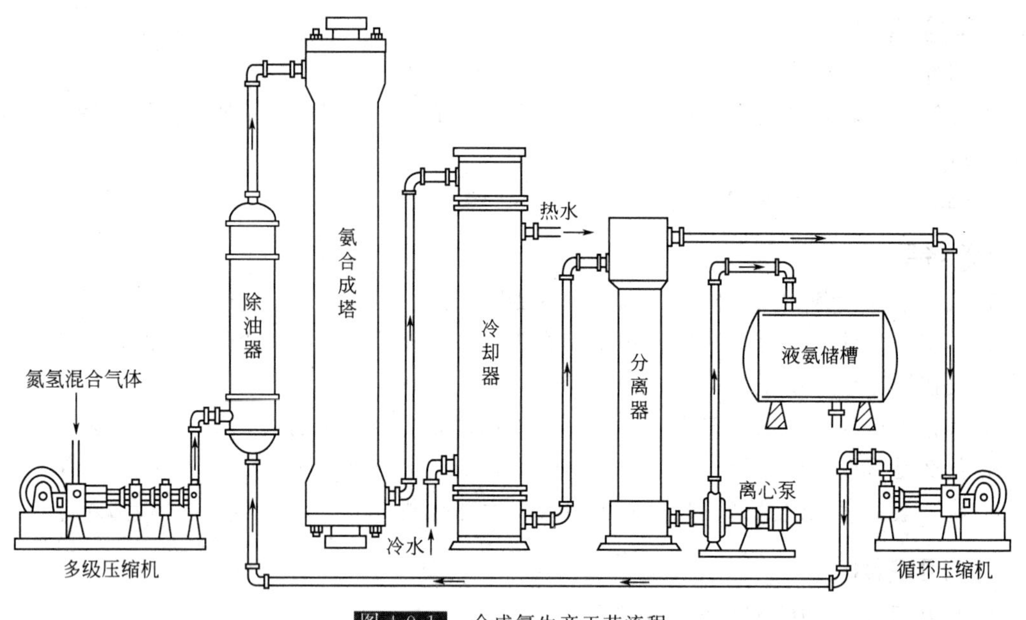

图 4-9-1　合成氨生产工艺流程

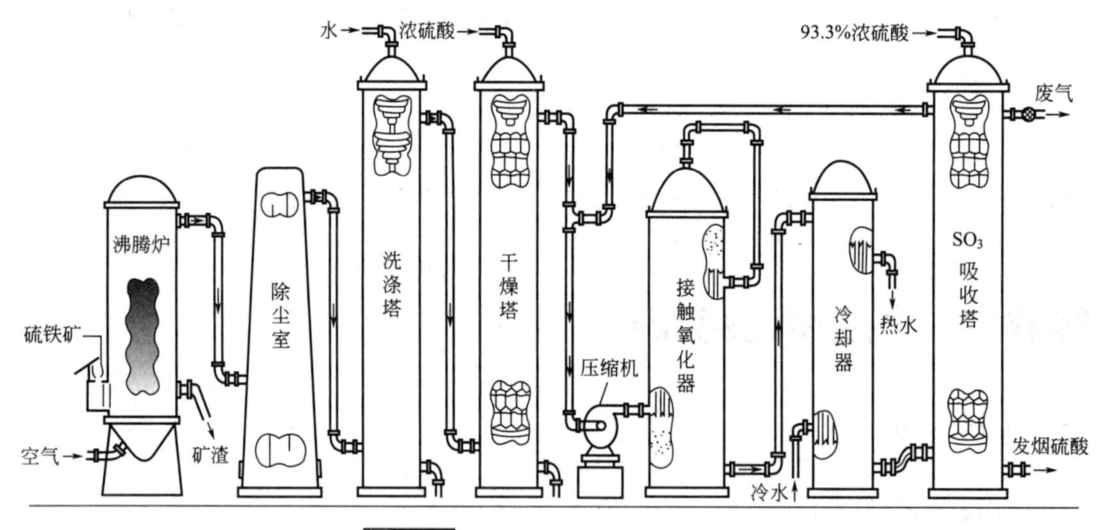

图 4-9-2　接触法制硫酸生产工艺流程

2. 法兰安装与螺纹接合

法兰安装要做到对得正、不反口、不错口、不张口。紧固法兰时要做到：未加垫片前，将法兰密封面清理干净，其表面不得有沟纹；垫片的位置要放正，不能加入双层垫片；在上紧螺栓时要按对称位置地逐步上紧，紧好之后螺栓两头应露出 2～4 扣；管道安装时每对法兰的平行度、同心度应符合要求。

螺纹接合时管路端部应加工外螺纹，利用螺纹与管箍、管件和活管接头配合固定。其密封则主要依靠锥管螺纹的咬合和在螺纹之间加敷的密封材料来达到。常用的密封材料是白漆加麻丝或聚四氟乙烯膜，顺时针缠绕在螺纹表面，然后将螺纹配合拧紧。

3. 阀门安装

阀门安装时应把阀门清理干净，关闭好进行安装，单向阀、截止阀及调节阀安装时应注意介质流向、阀的手轮便于操作。

4. 孔板安装

孔板一般安装在水平直管上。若必须安装在竖管上，液体流向应是由下向上，对于气体和蒸汽应是由上向下。孔板前后应有必要的直管段，前段须有 15～20d 的直管段，孔板后须有 5d 的直管段(d 为管子内直径)，以保证测量准确，在管段内不得开孔，应尽量避免焊口。

5. 水压试验

管路安装完毕后，应作强度与严密度试验，试验是否有漏气或漏液现象。管路的操作压力不同，输送的物料不同，试验的要求也不同。当管路系统是进行水压试验，试验压力(表压)为 0.4MPa。在试验压力下维持 10min，未发现渗漏现象，则水压试验即为合格。

四、安全操作规程

1. 穿戴好必备的安全防护用品。

2. 严禁用湿手触摸电器开关。

3. 安装前要熟悉相关工具的使用方法，正确、安全使用安装工具。

4. 安装时要按从下往上、从近到远的顺序。安装过程中要及时固定，以防伤人。

5. 安装过程中的设备、管道、管件要轻拿轻放，工具、物件不能随手乱扔，不能从空中向下抛杂物。

6. 螺栓上紧过程中要对角逐步上劲，最终上紧。不能先上紧一个再上紧其他的，否则不易止漏。

7. 试压过程中若有漏，要等泄压后才能上紧，禁止带压检修。

8. 拆换盲板时不能将螺栓全部卸下，以防倒覆伤人。

9. 正位移泵启动前要先打开旁路阀，待出口阀全部打开后再通过旁路阀调节流量。停泵前也要先打开旁路阀，再关闭出口阀。

10. 工作结束前应做到工完、料净、场地清，工具放回原处，打扫好卫生，关闭好门窗、电源、水源，经指导老师批准方可离开。

五、管路的基本知识和垂直部分的拆装

（一）管路的基本知识

1. 管路的组成

管路是用管子、管子连接件(管件)、阀门和仪表等连接成的用于输送气体、液体或带固体颗粒的流体的装置。

通常，流体经鼓风机、压缩机、泵和锅炉等增压后，从管道的高压处流向低压处，也可利用流体自身的压力或重力输送。

管路的用途很广泛，主要用在给水、排水、供热、供煤气、长距离输送石油和天然气、农业灌溉、水利工程和各种工业装置中。

2. 管子

管子按管材不同可分为金属管(见图 4-9-3)、非金属管和复合管(见图 4-9-4)。

金属管有铸铁管(见图 4-9-5)、钢管、合金管(见图 4-9-6)、有色金属管，有色金属管又

图 4-9-3 金属管

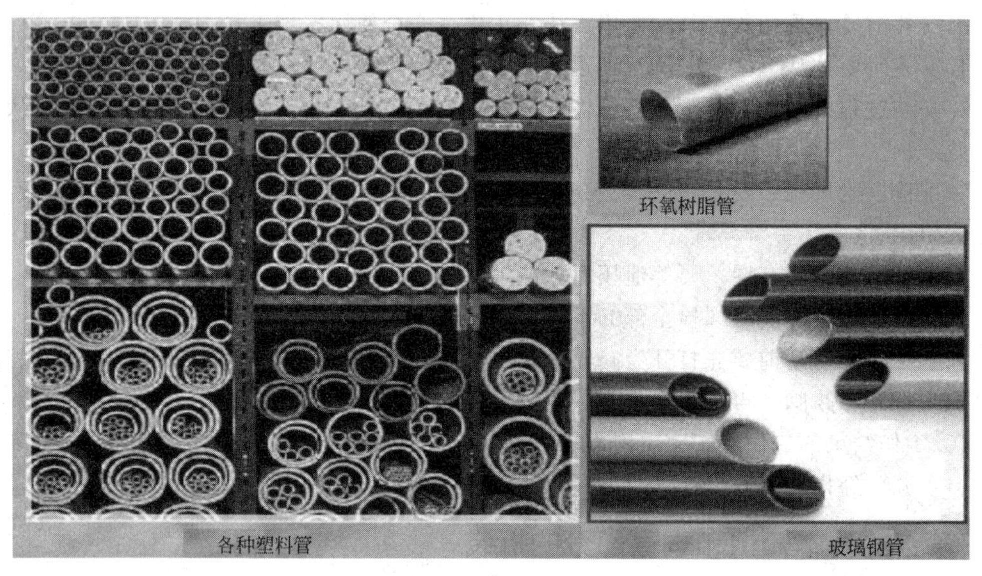

图 4-9-4 非金属管和复合管

可分为紫铜管、黄铜管、铅管及铝管等。其中铸铁管价格低廉，但强度差，笨重，耐压耐温性能差，常用于埋设在地下的污水管线。

钢管按其结构可分为无缝钢管和有缝钢管。

管子的规格型号表示可用 ϕ 外径(mm)×壁厚 mm，或 DN(公称直径)(mm)和 PN(公称压力)(MPa)表示。

管子的选用可根据流体的腐蚀性，承受压力情况，管道的强度要求等综合考虑选择。

3. 管件

常用管件有弯头(见图 4-9-7)、螺纹接头(见图 4-9-8)、管帽(见图 4-9-9)、三通(见图 4-9-10)、法兰、盲板(见图 4-9-11)、异径接头(见图 4-9-12)等。

图 4-9-5 铸铁管

图 4-9-6 合金管

4. 阀门

常用阀门有闸阀(见图 4-9-13)、截止阀(见图 4-9-14)、球阀(见图 4-9-15)、安全阀(见图 4-9-16)和单向阀(见图 4-9-17)等。

图 4-9-7　弯头

图 4-9-8　螺纹接头

图 4-9-9　管帽、丝堵

图 4-9-10　三通

图 4-9-11　法兰、盲板

图 4-9-12　异径接头

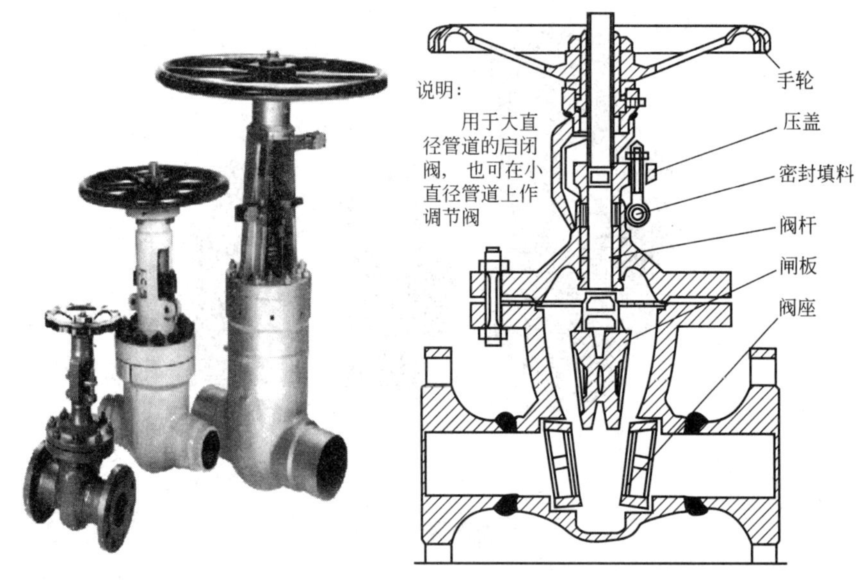

图 4-9-13 闸阀及内部结构

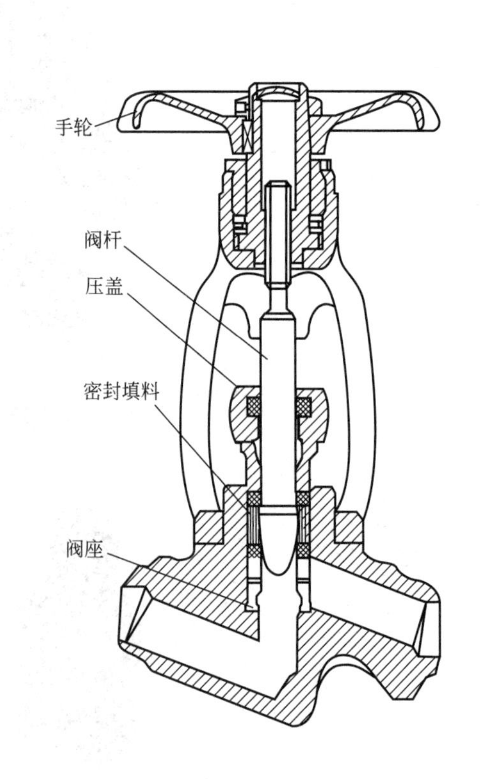

图 4-9-14 截止阀及内部结构

5. 仪表

常用仪表有温度计(见图 4-9-18)、压力表(见图 4-9-19)、流量计(见图 4-9-20)和液位计(见图 4-9-21)等。

图 4-9-15 球阀

图 4-9-16 安全阀

说明：

单向阀的安装应注意介质流向及阀门的安装方位

图 4-9-17　单向阀

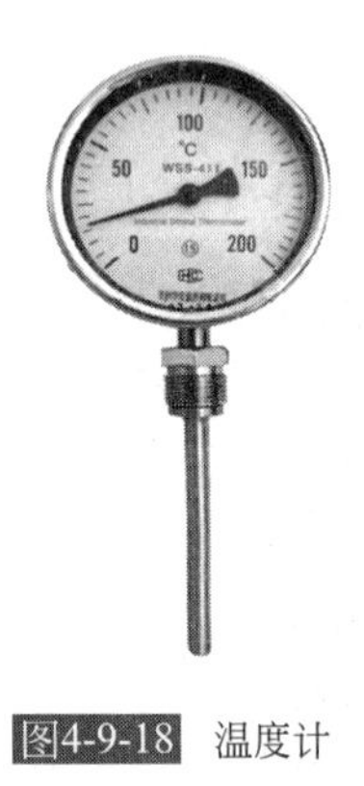

图4-9-18　温度计

图4-9-19　压力表

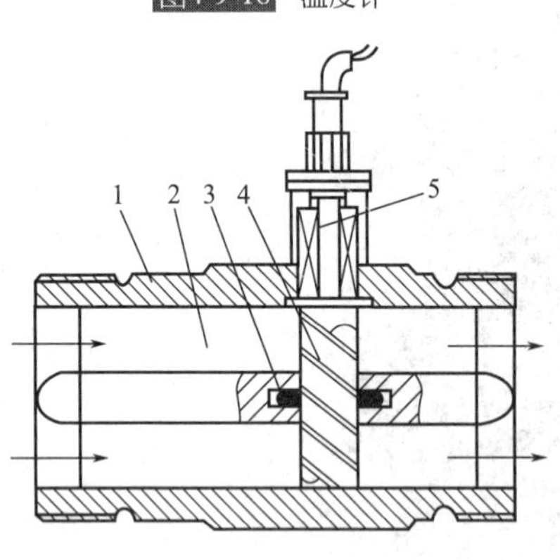

图 4-9-20　流量计

1—外壳；2—导流器；3—支撑杆；4—涡轮；5—磁电转换装置

6. 管径的选择

当流体的流量已知时，管径的大小取决于允许的流速或允许的摩擦阻力(压力降)。流速大时管径小，但压力降值增大。因此，流速大时可以节省管道基建投资，但泵和压缩机等动力设备的运行能耗费用增大。此外，如果流速过大，还有可能带来一些其他不利的因素。因此管径应根据建设投资、运行费用和其他技术因素综合考虑决定。

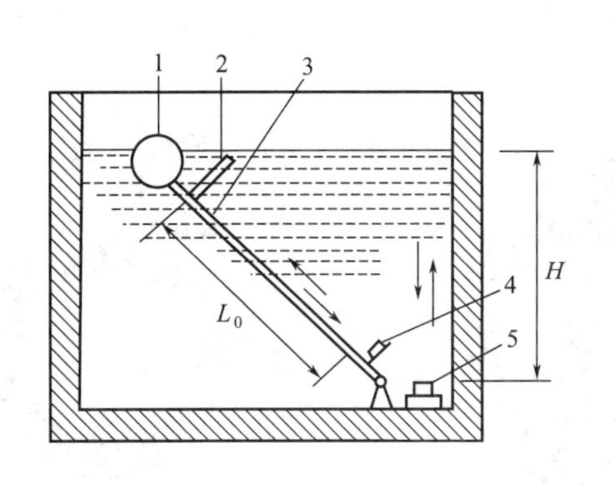

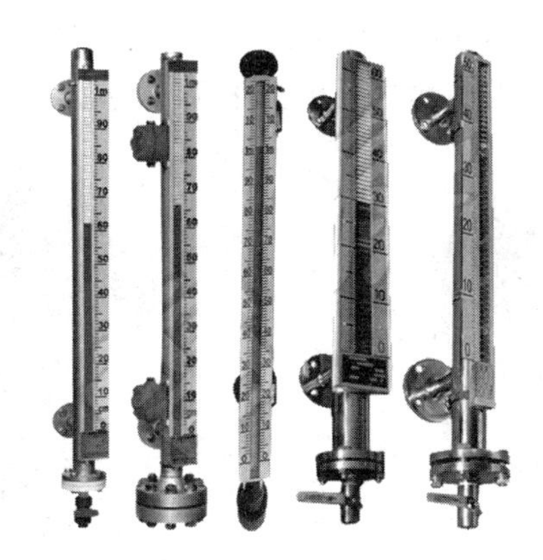

图 4-9-21 液位计

1—浮子；2—反射靶；3—摆杆；4，5—换能器

7.管道的连接

管子、管子连接件、阀门和设备上的进出接管间的连接方法，由流体的性质、压力和温度以及管子的材质、尺寸和安装场所等因素决定，主要有螺纹连接(见图 4-9-22)、承插连接(见图 4-9-23)、法兰连接(见图 4-9-24)和焊接(见图 4-9-25)四种方法。

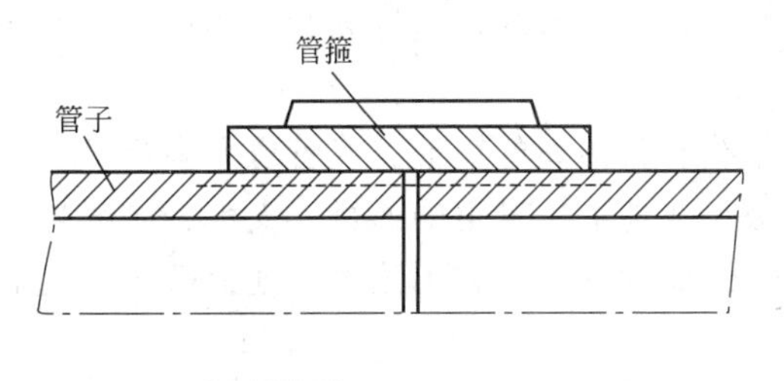

图4-9-22 螺纹连接

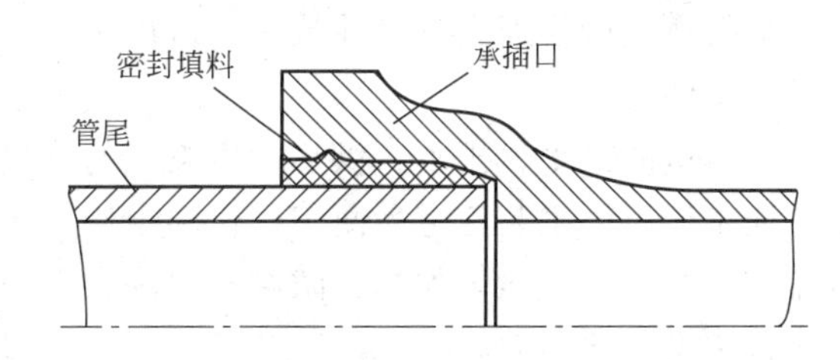

图4-9-23 承插连接

图4-9-24 法兰连接

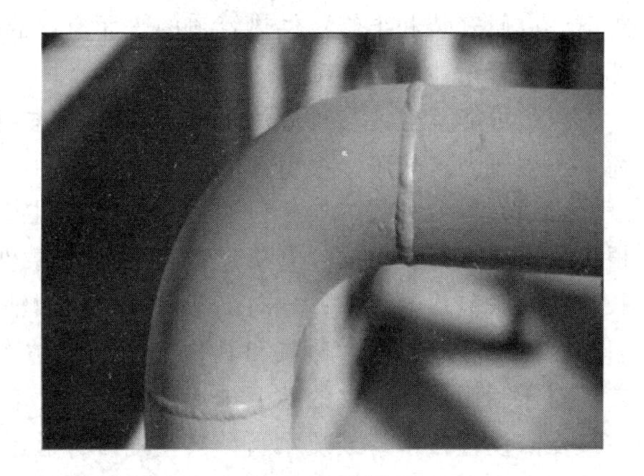

图4-9-25 焊接

螺纹连接主要适用于小直径管道。连接时，一般要在螺纹连接部分缠上聚四氟乙烯密封带[生料带(见图 4-9-26)]，或涂上厚漆、绕上麻丝等密封材料，以防止泄漏。这种连接方法简单，可以拆卸重装，但须在管道的适当地方安装活接头(见图 4-9-27)，以便于拆装。

法兰连接适用的管道直径范围较大。连接时根据流体的性质、压力和温度选用不同的法兰和密封垫片(见图 4-9-28)，利用螺栓夹紧垫片保持密封。在需要经常拆装的管段处和管道与设备相连接的地方，大都采用法兰连接。

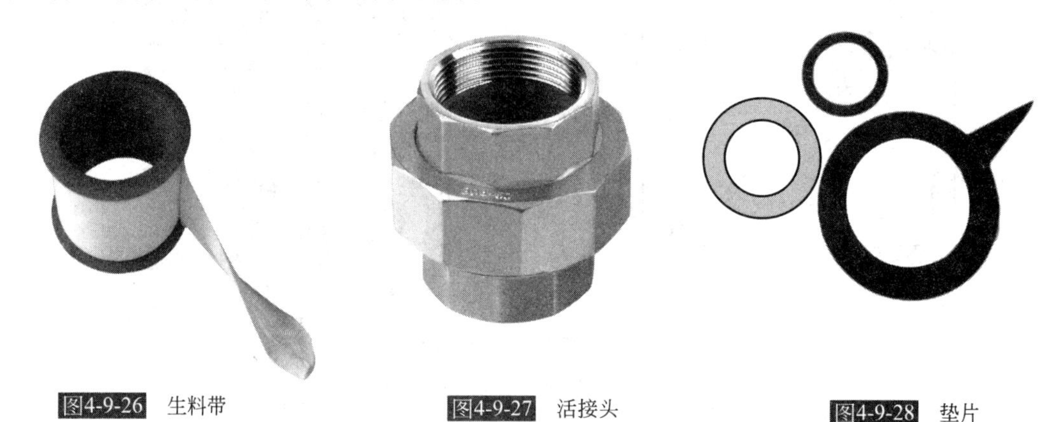

图4-9-26 生料带

图4-9-27 活接头

图4-9-28 垫片

承插连接主要用于铸铁管、混凝土管、陶土管及其连接件之间的连接，只适用于在低压常温条件下工作的给水、排水和煤气管道。连接时，一般在承插口的槽内先填入麻丝、棉线或石棉绳，然后再用石棉、水泥或铅等材料填实，还可在承插口内填入橡胶密封环，使其具有较好的柔性，容许管子有少量的移动。

焊接连接的强度和密封性最好，适用于各种管道，省工省料，但拆卸时必须切断管子和管子连接件。

城市里的给水、排水、供热、供煤气的管道干线和长距离的输油、气管道大多敷设在地下，而工厂里的工艺管道为便于操作和维修，多敷设在地上。管道的通行、支承、坡度与排液排气、补偿、保温与加热、防腐与清洗、识别与涂漆和安全等，无论对于地上敷设还是地下敷设都是重要的问题。

地面上的管道应尽量避免与道路、铁路和航道交叉。在不能避免交叉时，交叉处跨越的高度也应能使行人和车船安全通过。地下的管道一般沿道路敷设，各种管道之间保持适当的距离，以便安装和维修；供热管道的表面有保温层，敷设在地沟或保护管内，应避免被土压坏并应使管子能膨胀移动。

管道可能承受许多种外力的作用，包括本身的重量、流体作用在管端的推力、风雪载荷、土壤压力、热胀冷缩引起的热应力、振动载荷和地震灾害等。为了保证管道的强度和刚度，必须设置各种支(吊)架，如活动支架、固定支架、导向支架和弹簧支架等。支架的设置根据管道的直径、材质、管子壁厚和载荷等条件决定。固定支架用来分段控制管道的热伸长，使膨胀节均匀工作；导向支架使管子仅做轴向移动。

为了排除凝结水、蒸汽和其他含水的气体，管道应有一定的坡度，一般不小于千分之二。对于利用重力流动的地下排水管道，坡度不小于千分之五。蒸汽或其他含水的气体管道在最低点设置排水管或疏水阀，某些气体管道还设有气水分离器，以便及时排去水液，防止管内产生水击和阻碍气体流动。给水或其他液体管道在最高点设有排气装置，排除积存在管道内的空气或其他气体，以防止气阻造成运行失常。

管道如不能自由地伸缩，就会产生巨大的附加应力。因此，在温度变化较大的管道和需要有自由位移的常温管道上，需要设置膨胀节，使管道的伸缩得到补偿而消除附加应力的影响。

对于蒸汽管道、高温管道、低温管道以及有防烫、防冻要求的管道，需要用保温材料包覆在管道外面，防止管内热(冷)量的损失或产生冻结。对于某些高凝固点的液体管道，为防止液体太黏或凝固而影响输送，还需要加热和保温。常用的保温材料有水泥珍珠岩、玻璃棉、岩棉和石棉硅藻土等。

为防止土壤的侵蚀，地下金属管道表面应涂防锈漆或焦油、沥青等防腐涂料，或用浸渍沥青的玻璃布和麻布等包覆。埋在腐蚀性较强的低电阻土壤中的管道须设置阴极保护装置，防止腐蚀。地面上的钢铁管道为防止大气腐蚀，多在表面上涂覆以各种防锈漆。

各种管道在使用前都应清洗干净，某些管道还应定期清洗内部。为了清洗方便，在管道上设置有过滤器或吹洗清扫孔。在长距离输送石油和天然气的管道上，须用清扫器定期清除管内积存的污物，为此要设置专用的发送和接收清扫器的装置。

当管道种类较多时，为了便于操作和维修，在管道表面上涂以规定颜色的油漆，以资识别。例如，蒸汽管道用红色，压缩空气管道用浅蓝色等。

为了保证管道安全运行和发生事故时及时制止事故扩大，除在管道上装设检测控制仪表和安全阀外，对某些重要管道还采取特殊安全措施，如在煤气管道和长距离输送石油和天然气的管道上装设事故泄压阀或紧急截断阀。它们在发生灾害性事故时能自动及时地停止输送，以减少灾害损失。

8. 化工管路布置的一般原则

① 各种管道应成列平行铺设，尽量走直线少拐弯、少交叉以减小阻力，减少管架的数量和材料并做到整齐美观、便于施工。

② 设备之间的管道连接，应尽可能短而直。

③ 当管道需要改变高度和方向时，尽量做到“步步高”或“步步低”，避免在管道内形成积聚气体的“气袋”或积聚液体的“液袋”，如不可避免时应于最高点设置放空(气)阀，最低点设置放净(液)阀。

④ 不得在人行道和机泵上设置法兰，以免法兰渗漏介质时落于机泵上，造成人身安全和机泵损坏事故。

⑤ 管道离地面的高度，以便于检修和安全为准。过人行道、公路、铁轨面、工厂主要交通干线的高度分别不低于2m、4.5m、6m和5m。需靠墙安装时与墙壁的距离见表4-9-1。

表4-9-1 管子与墙的安装距离

管径 DN/mm	25	40	50	80	100	125	150
管中心离墙距离/mm	120	150	160	170	190	210	230

⑥ 输送易燃、易爆等易产生静电物料时为防止静电聚积管道要可靠接地。蒸汽管路每隔一段距离要装冷凝水排除器，管道要有坡度，以免管道内积液。温度变化大的管路要进行热补偿。

⑦ 多根管道并列安装时要考虑管道之间的相互影响：在垂直方向上要求热管道在上，冷管道在下；高压管道在上，低压管道在下；无腐蚀管道在上，有腐蚀管道在下；输气管道在上，输液管道在下；保温管道在上，不保温管道在下；不经常检修管道在上，经常检修管道在下。水平方向上通常是常温管道、大管道、振动大的管道以及不经常检修的管道靠近墙或柱子。

⑧ 由于法兰处易漏，故管道除与法兰连接的设备、阀门、特殊管道连接处必须采用法兰连接外，其他均应采用对焊连接。镀锌管道不能焊接，$DN \leqslant 50$mm的管道允许螺纹连

接，但阀门与设备之间，必须加活接头以便检修。

（二）垂直管路拆装实训

1.管路拆装实训装置

见图4-9-29。

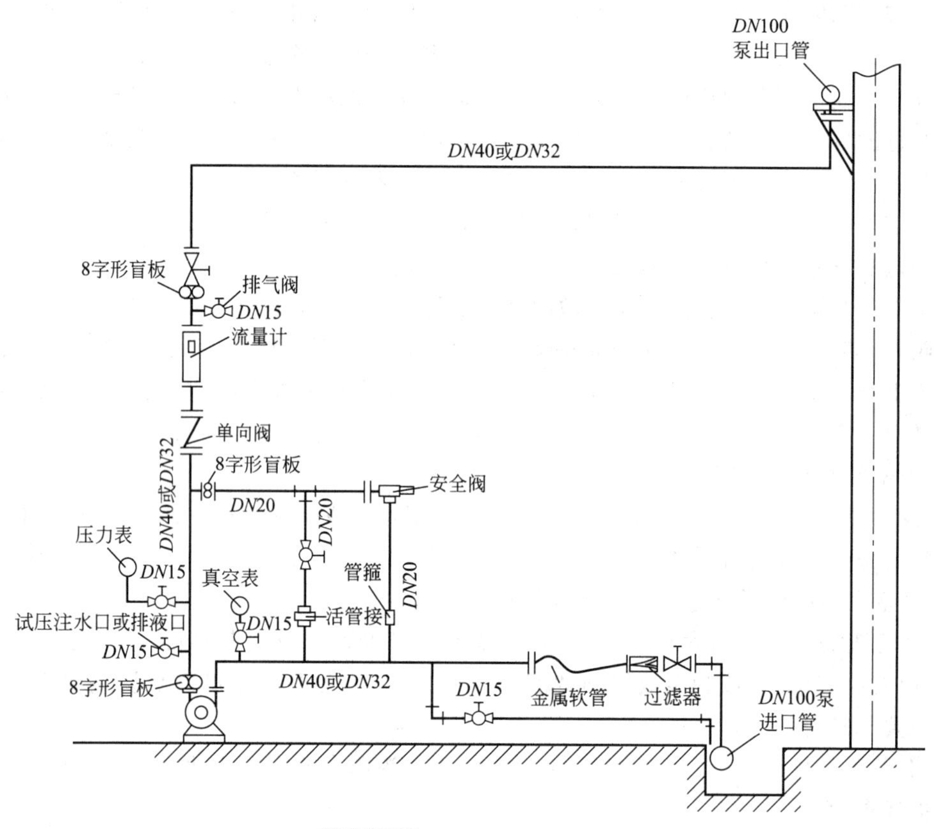

图4-9-29 管路拆装实训装置

2.常用工具

管路拆装常用的工具有活络扳手(见图4-9-30)、梅花扳手(见图4-9-31)、开口扳手(见图4-9-32)、管子钳(见图4-9-33)、撬杠(见图4-9-34)、三脚台钳(见图4-9-35)和试压泵(见图4-9-36)等。

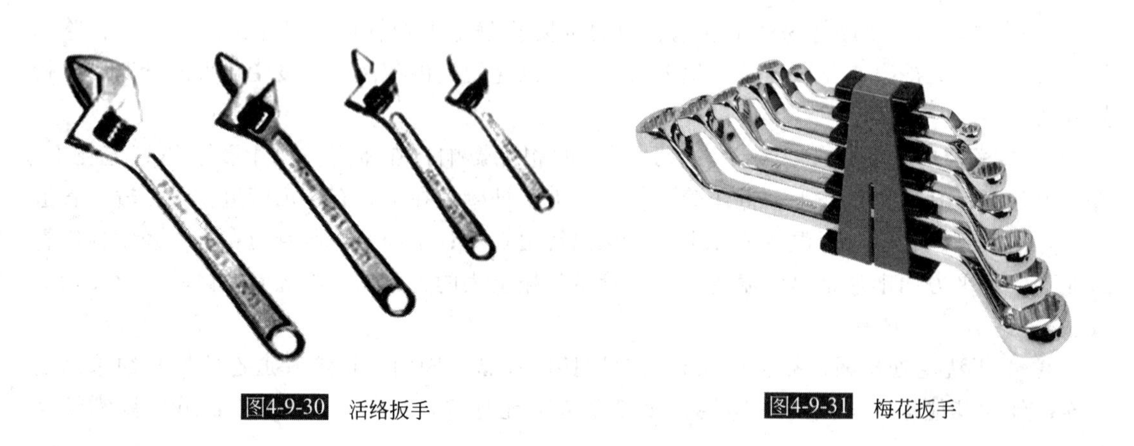

图4-9-30 活络扳手

图4-9-31 梅花扳手

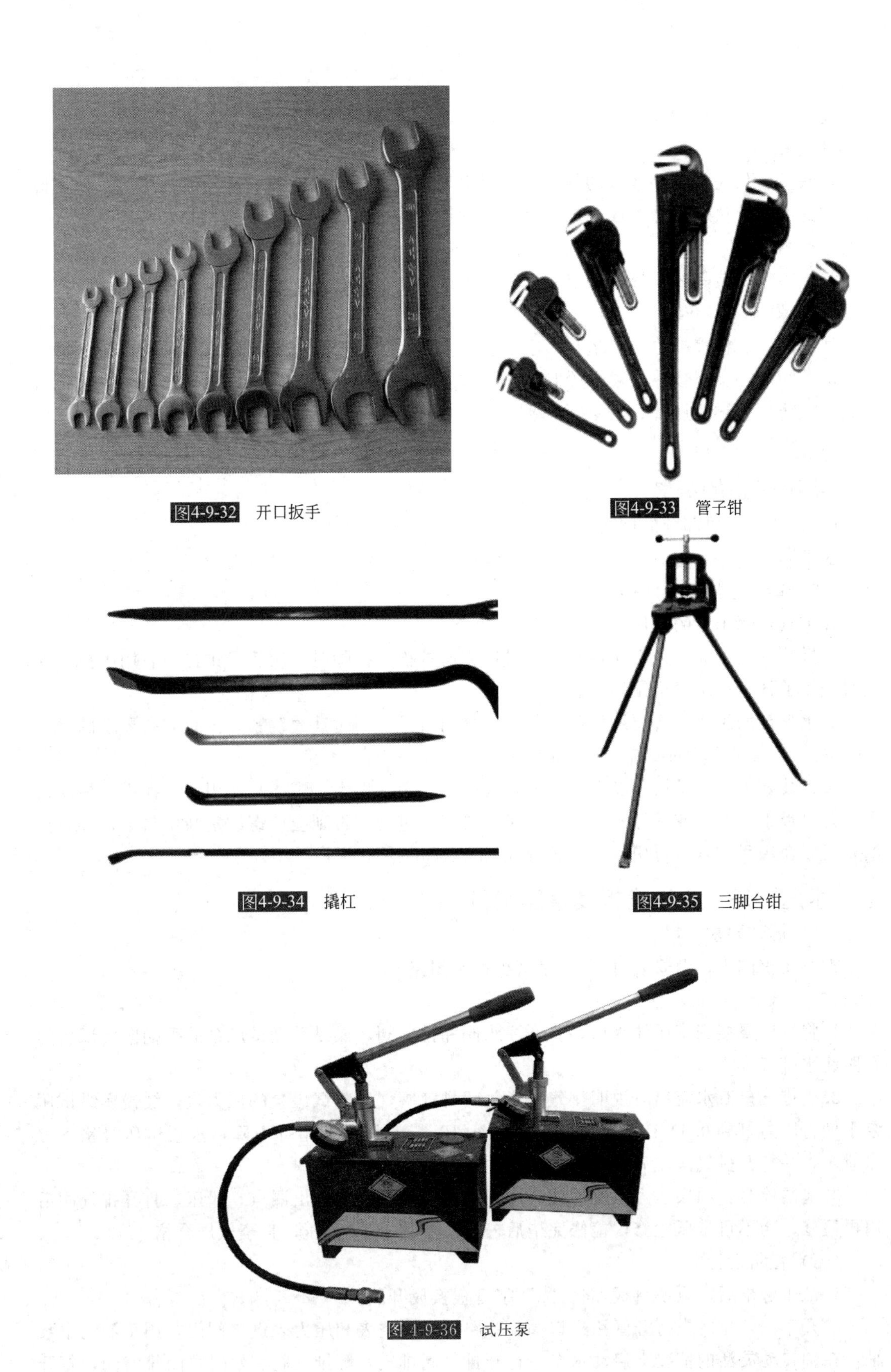

图4-9-32 开口扳手

图4-9-33 管子钳

图4-9-34 撬杠

图4-9-35 三脚台钳

图 4-9-36 试压泵

3. 拆除顺序

先拆仪表、再拆副线、后拆主线；先拆上面后拆下面；先拆远处后拆近处。

4. 拆除要求

拆法兰、仪表与管路连接的部分，不得损坏仪表、阀门；工具、螺栓不得掉落下地，拆除下来的阀门、仪表、螺栓放在推车上，大管道放在地上，不得伤及他人和自己。

5. 安装顺序

先装主线后装副线，最后装仪表；先装下面后装上面；先装近处后装远处。

6. 安装要求

注意阀门、仪表的方向，垫片大小；同一个法兰上的螺栓大小要一致，朝向要统一，螺帽与法兰间要加金属垫片，紧螺栓时同一个法兰上的螺栓只能由一个人对角逐步上紧，最后拧紧，以防法兰垫片压坏、安装后泄漏；螺栓拧紧后要保持法兰面平行；安装时要注意保护，防止管道倒覆伤人。

六、水平管路的拆装

（一）法兰连接部分的拆装

要求同上。

（二）螺纹连接部分的拆装

1. 工具：管子钳的使用。

2. 拆装方法：顺时针方向拧紧、逆时针方向拧松，拆除时先用管子钳拧松后用手拧，安装时先用手拧，后用管子钳拧紧。

3. 生料带的缠绕：将要缠生料带的一端朝向自己，顺时针缠绕紧，没有方向要求的缠绕3～5圈，有方向要求的缠绕5～8圈。

4. 拆装要求：管子钳只能拆装管道，凡是有六角的螺帽、螺栓只能用活络扳手、梅花扳手、开口扳手，否则或损坏六角；拧紧时不要用力过度，否则会使螺纹割断生料带，导致泄漏，可以在用手拧紧后再用管子钳拧0.5～1.5圈。

七、水压试压、更换盲板及管路运行

（一）拆装要求

拆装要求同上，但安装时“8”字盲板都装闭路。

（二）试压

1. 将试压泵接到试压注水口，打开注水阀和排气阀，操纵手动试压泵的手柄向要试压的管路注水排气。

2. 当排气口有水流出时说明排气完毕关闭排气阀，看准试压泵的压力表，缓慢操纵试压泵手柄将压力打到0.4MPa，抽掉手柄，观察10min，压力表指针不降，水压试压合格，可以泄压，并打开排气阀，后关闭排气阀和注水阀，拆除试压泵。

3. 泄漏检修：如果压力保持不住，说明管路有漏点，需找出漏点，泄压，打开排气阀后用再检修，切不可带压检修，检修完毕后，再按步骤1、2试压，直至试压合格。

（三）管路运行

1. 试压合格后，更换盲板，将“8”字盲板换成开路。

2. 开车：开车时先打开管路进口阀、旁路阀、真空表和压力表进口阀门，用手盘动水泵轴，在轴转动灵活的情况下启动水泵，打开排气阀排气，等排气阀有水时关闭排气阀，打开管路出口阀，用旁路阀调节流量。

3.停车：运行正常后，准备停车，停车顺序，先打开旁路阀，后关闭出口阀，停泵，关闭管路进口阀、旁路阀、真空泵和压力表进口阀门，打开低位排尽阀排尽管路中的水后关闭排尽阀。

八、全流程训练

学生按前述方法训练，指导教师检查、点评、指正。

九、考核评分

学生按要求操作，指导教师考核、打分。

管路拆装考核评分表

姓名______、______、______实训装置号______考核时间______考核成绩______

项目	考核内容	记录	备注	分值	得分
管路初装（40分）	①管件、阀门、仪表等有无装错		装错一只扣3分，扣完为止	6	
	②阀门与管道可拆性连接时，阀门是否在关闭状态下安装		有一只扣1分，扣完为止	3	
	③每对法兰连接是否用同一规格螺栓安装，方向是否一致，紧固螺栓顺序是否合理		每对法兰螺栓有规格不同、方向不一致、不便于装拆、螺栓不按对角紧固，各扣1分，扣完为止	3	
	④每只螺栓加垫圈不超过一个		每只凡超过一个扣1分，扣完为止	2	
	⑤阀门、仪表和管路安装顺序的合理性		阀门、仪表不方便操作有一个扣1分，安装顺序不合理扣2分，扣完为止	6	
	⑥法兰安装不平行、偏心		有一副扣1分，扣完为止	4	
	⑦生料带缠绕是否正确，工具使用是否合理和规范		有一次扣1分，扣完为止	2	
	⑧初步安装时间		60min内完成得14分，65min内完成得10分，70min内完成得6分，否则得2分	14	
泵出口管线压力试验及检查（25分）	⑨连接试压泵方法及操作，压力表前阀门是否关闭		连接试压泵方法及操作（包括注水和卸压）不对各扣2分，压力表前阀门不关扣2分	5	
	⑩试压前是否排净空气，稳压的操作压力		未排扣2分，未排净扣1分，稳压操作压力不对扣2分。	5	
	⑪试压是否合格，若不合格返修过程是否正确		有一个漏点扣2分，带压返修扣2分	6	
	⑫水压试验时间		10min内完成得9分，15min内完成得4分，否则得1分	9	
管线安装完成检查（15分）	⑬试压结束后，是否排尽液体		没有排液或没排尽扣1分	1	
	⑭是否完成管道安装		试压装置没拆除扣1分，盲板没拆除一个扣1分，扣完为止。	4	
	⑮开、停泵步骤是否正确，试运行后漏点数检查		开、停泵步骤不正确各扣1分，每有一个漏点扣2分，扣完为止	6	
	⑯安装完成阶段时间		15min内完成得4分，25min内完成得1分，否则不得分	4	

续表

项目	考核内容	记录	备注	分值	得分
管线的拆除和现场清理(16 分)	⑰管内液体是否尽量放尽		没尽量放尽造成漏水扣 2 分	2	
	⑱拆除过程中工具使用的合理性和方向性		不合理扣 2 分,方向错误扣 2 分	4	
	⑲拆除后是否对照清单完好归还和放好仪表、管件、工具等		遗留一件扣 1 分、少或损坏一件均扣 1 分,扣完为止	2	
	⑳拆除后是否清扫现场		没清扫现场扣 2 分,没清扫干净扣 1 分	2	
	㉑拆除时间		25min 内完成得 6 分,30min 内完成得 3 分,否则得 1 分	6	
文明安全操作(4 分)	㉒撞头、伤害到别人或自己、物件掉地等不安全操作次数		有一次扣 2 分	4	

参考文献

[1] 蒋丽芬.化工原理.北京：高等教育出版社，2007.

[2] 大连理工大学化工原理教研室组.化工原理实验.大连：大连理工大学出版社，2008.

[3] 吴洪特.化工原理实验.北京：化学工业出版社，2010.

[4] 宋长生.化工原理实验.南京：南京大学出版社，2010.

[5] 杨荣祖.化工原理实验.北京：化学工业出版社，2010.

[6] 尚小琴.化工原理实验.北京：化学工业出版社，2011.

[7] 冯晖，居沈贵，夏毅.化工原理实验.南京：东南大学出版社，2003.

[8] 史贤林，田恒水，张平.化工原理实验.上海：华东理工大学出版社，2005.